U0047657

# 洞察地圖

## 6大致勝法則,成功破解消費者心理

溫蒂·郭爾登 Wendy Gordon ── 著

劉靜鈴 Jennifer Liu ── 譯

獻給和我同樣對人們好奇的人

# 盲人摸象

約翰・高弗瑞・薩克斯一世
（John Godfrey Saxe I, 1816～1817）

有六個好學的印度斯坦人，
雖然他們是看不見的盲人，
仍然希望藉由觀察大象，
探究自己平日所聞。

**第一個**盲人靠近大象，
摸到的是又寬又大的厚實象身，
他忍不住驚呼：
「上帝保佑！原來大象就像一面牆！」

**第二個**盲人摸到的是象牙，大喊：
「哇，這不得了，圓潤又平滑，
還很尖銳，我強烈地感覺到
大象的神奇之處，牠像極了矛！」

**第三個**盲人走近大象，
手湊巧摸到正在扭動的象鼻，
他壯著膽子說：
「我明白了，大象像是一條蛇！」

**第四個**盲人急切地伸出手，
觸摸到大象的膝部，
他說，「這頭奇妙的野獸，樣貌非常清晰」
「很明顯的，大象就像一棵樹！」

　　　**第五個**盲人剛好摸到大象耳朵，
　　　他說：「即便從來都看不見的人
　　　也知道牠最像什麼，無可否認，
　　　大象令人驚奇的是，牠很像扇子！」

**第六個**盲人才剛伸出手
就抓到落在他身邊，大象左右搖擺的尾巴。
他說：「我懂了，大象就像繩子一樣！」

　　　這些盲人，高聲爭論了很久，
　　　人人各持己見，僵持不下，
　　　雖然每個人都說對了一部分，
　　　事實上卻每個人都錯了！

神學上的爭論同樣如此，
我相信每個捲入論戰的人，
都抓著自以為的真相喋喋不休，
卻沒有人真正看過那頭大象！

# 推薦序

在人生的第一份工作中所學到的經驗及教訓，將我打造成了一位策劃以及和市場行銷人。整個職業生涯中，前期的我是沒有意識到這一點的，然而那是因為我極度幸運的能夠加入 Wendy，加入她更早些年前，在倫敦所創立的機構，一間屢獲殊榮的市調公司。

Wendy 是最早的定性市場研究先驅之一，並且仍然是當今最具影響力的人之一——她總是運用並找到能夠應用於心靈層面和產生動力的新興方法，引導團隊所有人能為他們的客戶提供更深入、更真實、更有價值的見解。

她最寶貴的經驗傳遞之一，也是她經常重複敘述的建議就是「將心比心」，這是對所有有抱負的研究人員的挑戰，藉此更貼近他們的參訪者，他們的真實生活，並以客觀的心，體驗他們的現實面——有利於了解更深層次的層面，透過他們的眼睛看世界，並在每個人身上找到積極正面的一面。今時今日，隨著大數據和科技正在徹底改變我們發掘和採取行動

的方式，Wendy 的建議仍然一如往常的強大─努力了解最深層的人性，了解人與人之間以及與品牌的關係，此為市調研究中最有價值和可行性的依據，也持續成為品牌有效的建設、營銷和創新的關鍵。

因此，隨著《洞察地圖》這本書的出版，匯集了她五十年的實戰經驗，Wendy 無疑是送給世界各地的營銷人員和研究人員，一份猶如金礦般的無價之寶。

《洞察地圖》不只是討論研究方法的理論，更是提供了思考與品牌、溝通、營銷活動和機構相關的實際案例。Wendy 指出六大持久的原則，透過這些原則解釋了人們（包括你自己也是！）為什麼會以他們現有的思維方式去思考、表現、說話。無論是研究從業者、用戶或者是規劃師，這些心路歷程都將指導您採用更嚴峻的方法、更到位的解釋和更有信心的建議。

比起教科書，《洞察地圖》比較像是指導手冊，每一個章節都是獨立的，這將使其易於閱讀，並提供實用指南，提供每個日常挑戰的提點、秘訣。對於那些尋求更深入學習的人，本書特別提供了每個關鍵點的延伸閱讀，從行為經濟學到神經科學的最新發現都有。

　　《洞察地圖》匯集了 Wendy 在五十年的職業生涯中所學到的最棒的經驗，並將她永恆的智慧和今時今日的最新思維融合在一起。如果當年的我能夠早點拜讀到它，那該有多好！

Benoit Wiesser｜Wendy Gordon 校友
奧美亞洲首席策略長

# 前 言

## 一段個人旅程

　　近日的晚餐時間，我坐在一名陌生男子旁邊，言談間他透露自己是神經美學教授。我立刻發揮質化研究的精神向他提問。幸運的是，他友善而耐心地向我解釋說明，這是一門較新的研究領域，專門透過科學實證來研究人類的審美觀。當我們體驗日落美景、站在令人讚嘆的藝術作品前，或是聽一場最愛的樂團演唱會表演時，大腦會產生什麼變化？大腦和身體的哪些部位觸發了美感？我想問，這和我們行銷人所關心的問題有關嗎？審美觀和喜歡創意廣告或喜歡像 Apple 這樣的品牌是同一件事嗎？個體之間是否存在著差異？還是我們經歷的是再普遍不過的人類反應？不同文化間的差異又是什麼？知道大腦哪些部位像燈泡一樣會發光，有助於讓我理解在審美過程所經歷到的強烈情緒起伏？我心中急遽浮現各種疑問，決定不再打擾對方，轉而自行 "google" 什麼是神經美學。

　　我在校時選修了幾年的藝術史與心理學，畢業時拿到了社會人類學的學位，之後我便投身市場調查研究中── 在六〇年代，我沒有學以致用，反而一腳踏入全新的領域。當時，不同學科之間壁壘分明。心理學領域劃分出精神分析心理學與行為心理學，兩個學派有各自獨立的理論基礎，內容卻互

相牴觸。在我的認知裡，心理學實驗對經濟學、人類學、社會學、藝術欣賞或醫學都毫無價值可言，反之亦然。

當我回首職業生涯，開始分析這段個人旅程的發展路徑時，我發現自己逐一接納了許多不同的理論立場，從佛洛伊德開始，最後在行為經濟學劃下句點，一個接著一個，有如河川歸流於大海。

首先是佛洛伊德和榮格所提出的「溝通分析」與「完形治療法」，他們對於研究人類情緒失調與行為障礙原因的追根究底，以及針對積極的個人發展方法表現出的不同觀點，令我深感興趣。然後，我開始探索符號學，這門學科與語言哲學和社會人類學息息相關，引發了我終其一生在文字、標誌和符號方面的興趣，以及不同群體的人們以此創造出意義的方式。接下來，我在神經語言程式學的課程裡（NLP）鑽研了一段時間，NLP 是一套研究溝通、心理治療與個人發展的方法，雖然這套理論基礎仍未被目前的科學採信，但他們透過許多技巧和方法，與心理治療客戶建立關係、重新定義和投射工作，在現代質化研究中已成為具體實踐的一部分。

到了 2000 年的時候，我們仍尚未發現關於人們的行為動機以及如何思其所想的真理，於是我投身神經科學領域，

盡力了解我們的大腦如何處理品牌、傳播與經驗。我對大腦的記憶、注意力、感知能力、情緒編碼、神經元網路和樹突連結認識得愈深，有待學習的東西也愈多。我覺得自己就像希臘神話裡的西西弗斯一樣，註定一次又一次把巨石推上山頂。每當我以為自己爬到了山頂，巨石就會再次滾落至谷底。所以，我將我在神經科學所學先擱置一旁，從場外看著其他研究者在神經行銷學、眼動追蹤、功能性磁振造影等神經科技領域研發各種商標產品與服務。

物換星移，進入 21 世紀的前十年，受到網際網路與社群媒體不斷增長的盛況引發下，人是一種群居動物的概念開始跟著流行。我埋頭研讀關於社會連結、社會影響、社會模仿與社會學習的文章與書籍。在我看來，這類理論及其支持證據，很多不過是重新定義社會人類學的基本原則，以新的架構使其適用於現代文化、部落與社群之中。對社會的理論轉變成試圖理解在固定族群中，人與人之間如何互動與彼此影響，而不是聚焦在個人感知、信仰、態度與動機上。

2010 年，一顆名為「行為經濟學」的流星劃過天際。這是一種用來檢視心理、社會、認知覺察與情感因素之間關係的思維模式，藉此了解個人與大型組織的經濟行為。在極短的時間內，給普羅大眾的入門書和學術文章的書籍如雨後春

筍般湧現。行為經濟學在市場行銷、傳播、組織與研究專業人士中大受歡迎，原因在於它關注是與財務決策相關的人，財務決策可小可大，小至日常購物「要選這個牌子還是另一個？」，大至國家政策「英國國民健保署的投資策略」。行為經濟學讓我聯想到一張巨大的流刺網，將許多種活跳跳的海洋生物一網打盡，不僅為完整解釋了人類行為，同時使用了熟悉的理論架構——心理學、社會學、神經科學與社會人類學。然而，行為經濟學的效度，取決於其嚴謹的設計和反覆試驗。

在我開始這段個人旅程的五十年後，我發現關於人類狀態的相關學說、言論與觀點有聚合的現象。一門學科的證據（如神經科學）同時也支持著另一門學科的實驗證據（如行為心理學或社會影響）。針對人類思想與行為的觀察與解釋不是以直線發展，而是前後交替循環，並傾向為「舊」概念發明新語言，作為更適合現代的符號。如人們開始廣泛運用「系統 1」（System 1）這個詞來解釋潛意識的心理與生理作用就是個顯而易懂的例子。

我是否解開了人們行為方式之謎——決定用什麼方式度假，還是在 YouTube 上點閱驚悚的處決影片——我找到答案了嗎？我可以明確地回答你：「沒有！」但我創建了一個幫

助思考的工具箱了嗎？目前答案仍是肯定的。

　　我相信能夠以宏觀概念（macro-concepts）來融會貫通各學科，可以用來假設事件的起因或觀察到的行為模式，或是用來爬梳解釋過去發生事件的脈絡。

　　這成為了我寫這本書的原因。

## 思維模組

　　在我作為顧問的那些年，人們經常請我為研究員、策略企劃人員、市場研究經理、行銷與廣告客戶提供推薦書單，當他們在尋找可以把研究結果變得更扎實概念與觀點，或打算為專案中找出消費者洞察建立架構的時候，也會請我提一份推薦書單。

　　我交出書單後，通常換來的是沉默的回應與挫敗的神情。我真心為此感到同情。這份書單很長，需要付出額外的時間與心力來研究，而這兩者對現代人來說卻是最少（本書末也包含這張推薦書單，供有興趣的讀者參考）。

　　近十年前，有人請我寫一本質化研究的教科書，作為

1997 年我寫的如何「做好」質化研究書籍——《善思益想》（Goodthinking）的續作。由於種種原因，我對於此頗為矛盾。過去二十年來，已經有好幾位知名有經驗的同業出版了如何「做好」質化研究的佳作，也有數百篇文章說明某些特定的技術、方法、成功案例和混合質化與量化分析的研究方法等。即使已經過了二十年，似乎沒有必要多寫一本質化研究的實踐指南。在研究的過程中要採取什麼步驟準則，早已寫得一清二楚。訪問方法、抽樣、建立關係、投射技巧與分析技術，依舊是一個優質研究計畫的重要基礎。座談會、深度訪談、抽樣紀律、線上方法及研究參與者的合作等，也仍是應該要了解的重要基本原則，其實沒那麼多改變。

不同的是，我所說的「goodthinking」的意義。

在 1997 年，「goodthinking」被定義為最佳的質化研究實踐，就是以正確的做法，做負責任的事情。今日，我相信「goodthinking」正如其名，指的是從品牌、傳播、行銷活動、組織與機構來分析人的思考模式或模型（譯註：「good」可以指「擅長」、「善於」，也可以指「商品」）。這意味著思考一個問題可以有各種不同的「goodthinking」，最後你的選擇很簡單——不是這一個，就是另一個，或是都不選。

　　開始寫這本書時，我把這些不同的思考方法稱作「思考模型」。在我寫作的尾聲，我開始把每一種思考方法想成是一顆鏡頭或思維模組，我們透過這些藍圖來探索在行銷與研究脈絡中的人。我稱之為「洞察地圖」（mindframe）。

　　本書的目的主要是與你分享六種洞察地圖，希望能為你省下五十年的努力，並幫助你分辨各種思維：哪些是有憑有據而值得鑽研的理論；哪些是用引人注目的新語言重新包裝舊有的回收概念；哪些是曇花一現的流行；哪些是未經證實的觀點，而哪些又是有真正有價值的思考方式。

　　我從來沒有一刻相信自己找到了真理，或一定找得到真理，但我相信我已經提煉出解讀不同研究方法，並禁得起時間考驗。我希望這些方法對你是有助益的。

# 序 論

從思考模型到

洞察地圖

## 洞察地圖是關於什麼？

　　思考模型（model of thinking）有許多同義詞：理論範圍、心理模型、心態、典範、假定、現實的再現、整體概念、哲學、世界觀、神話等。有些思考模型很龐大，例如愛因斯坦的相對論或弦理論；其他則有巨大的影響力，例如深植於ISIS 行動中的世界觀或美國獨立宣言裡的措辭。

　　還有些思考模型較小，例如品牌洋蔥、溝通三角層級、冰山理論、文意脈絡等組織概念。我把這些不同的隱喻圖表放在《善思益想》的〈思考模型〉章節中，當時（現在也是）我相信它們能幫助讀者組織思維，從計畫的最初發想到各種實用建議。而我不是唯一這麼想的人。

　　對我來說，理論範圍和／或思考模型（換成任何同義詞都好）就像地圖一樣。如果我要去一個新地方，我可能會查看行政區域地圖，了解我要參訪的國度周圍有哪些國家。我也可能根據我所選擇的旅行方式，查看這段旅途的路線圖。或者，我可以查看雨量分布圖、海拔高度圖，或顯示有趣文化景點的旅遊指南。地圖能幫助我們理解資訊，將資訊縮減成容易吸收的概念結構。看地圖的人多少能預測到當地是什麼樣子，也就更容易做出決定。這些地圖只有在有目的的情

況下才具有意義。

　　我們也必須記得，每張地圖只選擇呈現某方面的真實，忽略其他事實、資訊與意見。地圖會篩選過濾資訊，造成我們對事物選擇性的感知。當觀察到的事件或經驗不符合地圖的範圍時，我們有兩個選擇——一個是放棄並視為無效的地圖，另一個則是將原本的資訊扭曲，硬塞進地圖中。

　　要有效運用地圖，需要特定的思維模組。跟著文化地圖走，你或許能在一天之內遊遍「北京六大最佳景點」，但全是走馬看花，無法停下腳步思考；也或許能讓你度過悠閒的早晨，觀察著生活脈動，途中只看一兩個景點。

　　在前同事的建議下，我選擇以「心理思維模式」為主題，且採用一個字典裡沒有的詞——洞察地圖（mindframes）加以重新定義詮釋。當我閉上眼睛，就能看見六種觀察人類行為的思維模式版圖，用在商業市場研究中，我能探索並理解每一種思維模式呈現出各自不同的實相。通常我用來觀察的思維模組愈多，對這個世界的理解就愈豐富，我的見解與建議也就更有價值。

## 為什麼我們比以往更需要洞察地圖？

要試圖理解一個繁複又變幻莫測的世界是具有挑戰性的。新的科技創造出人們互動的新方式；永無止境的新風潮與社會趨勢；意想不到的事件會帶來巨大的後果（回想2008年的金融海嘯）；新品牌取代舊品牌上市；人類遊走於世界各國，就像到自家後院般容易。我們是專家也是詮釋者，告知何種決策對產品、品牌、服務、組織、機構或國家最有利，影響範圍甚至涵蓋整個地球。

大部分研究人員和從業者，不會意識到自己心裡的假設。舉例來說，「我們的消費者」指的究竟是誰？廣告如何運作？動機（或驅動力、欲望、需求）意味著什麼？再者是，態度的轉變比消費行為更快，如何贏得更多顧客？深入市場研究的過程中，人們在網路上線或離線時說話的內容真實性如何驗證區分？某個特定品牌是何以真正融入消費者的生活？其他假設還包括：大數據有沒有價值？其他形式的消費反應測量結果又是如何？對品牌或傳播方式的好感是否與銷售成功有關？數位行銷或傳播技術有沒有可能造成消費行為改變？這些只是行銷人能掌握的幾個例子，而不是探詢他們背後的真相。專業人士往往對上述每一個（或其中一個）問題強烈堅持己見，彷彿從他們以往的工作經驗中獲得的想法

才是「真理」。

　　無論反面證據多麼明顯，有兩種假設始終存在。一種是人們告訴你自己的行為舉止，他們這樣做，或將要這麼做，換句話說，人們能夠省思自己的態度和／或行為的理由與起因，他們說的是真話。例如許多媽媽會表示自己給孩子吃的是健康的食品和零食，但是打開她們的廚房櫥櫃告訴我們的卻是另一個故事。通常她們會解釋：「偶爾讓孩子吃點喜歡的東西沒什麼關係」或「我只買不添加糖或防腐劑的零食」等等原因。

　　第二種是，可以透過與個人共事的經驗（一對一、團體、線上或線下、質化或量化）來發現消費者動機、驅動力、行為與決策的真相。不需藉由文化價值、社會影響、主流與新興趨勢等角度來理解消費者行為。舉例來說，為了了解即溶咖啡在年輕族群中業績下滑的原因，可以請他們告訴我們為什麼他們不買即溶咖啡的原因。我們也可以探索咖啡的象徵與文化意義——咖啡店已經成為「工作、休息與娛樂」的避風港，對許多人來說，這也是一種表達出「現代」身份的方式。

　　我深信，儘管我們的生活環境不斷變化，人類在本質上是不變的。沒錯，我們現在互動交流的方式不同了，

但人類互動的角色與價值沒有改變。我們會上傳照片到Instagram，但我們選擇分享的相片往往基於不同需求——表現出最好的自我、展現親和力，有時則是為了炫耀。是的，從別人的角度，甚至是我們自己看來，這樣的行為都很奇怪，但大多數時候，我們是在不自覺的情況下進行的。而我們用來解釋的理由，只有部份正確。有些理論似乎能給出很好的解釋，卻不是每次都合用。

對我們這些以某種方式參與研究的人來說，常常在嘴上空談文化或社會影響對研究的重要性，其實我們並不知道這些影響有多無形多深遠，就像是透過神話與故事等形式，形塑出人們的行為，包括研究者本人也不例外。在這裡澄清一下，我使用「神話」與「故事」，作為根深蒂固的假設和信念的同義詞。哈拉瑞（Yuval Harari）在《人類大歷史》（Sapiens）這本書中清楚地說明，從人類的起源，神話和故事對我們這個物種的成功產生巨大影響。金錢是故事，性別是故事，種族是故事，行銷成效是故事，甚至質化研究也是故事。上述沒有一種是根基於生物學的事實，而每個人都有不同的思維和行為方式。

後現代主義裡提到的「多重真相」是一種能幫助我更了解意義的取向方法。也許現在不流行了？可以確定的是，單

一真相（無論適當與否）可以減少花費時間與精力 —— 而這是目前的人們都很缺乏的兩樣東西。

我認為，從不確定性著手，也就是不再採用單一真相，更有可能邁向成功。

覺察力、知識和靈活性，透過不同的思維方式帶來更多選擇，就像運用不同鏡頭 —— 廣角鏡頭、特寫鏡頭、魚眼鏡頭、顯微鏡頭等 —— 來拍攝同一件事物。同時運用數種鏡頭來理解要拍攝的物體，可以從中獲取最大的價值。

狹隘古板的思維框架會造成局限。人類行為何其多變，無論什麼時候都只用同一種角度來觀察，最終只會導致失敗的決策。

從不同的理論立場或架構來看待同一種現象，往往會造就一系列有趣而具備成功潛力的解決方案。

## 六種洞察地圖

本書詳述我在職業生涯中所運用的六種洞察地圖，累積

的經驗告訴我，這些思維模組禁得起時間考驗。從 1960 年代中期我開始進行研究時，洞察地圖就已經存在了，至今依然適用。

過去五十年各種學科領域的整合，讓很多的實驗假設和信念，有機會被逐一證實，同時內容更加豐富。時至今日，心理學家（社會心理學、實驗心理學、演化心理學、精神分析）、人類學家、神經科學家、社會科學家、語言學家、行為科學家與保健專家（醫師、研究者、幸福專家等）的新研究，加上記者、歷史學家與說書人等其他人的努力，已經為每個專業領域中的某些早期假設提出了支持或反駁的證據。我歸納出六種思維洞察地圖分別為：

1. **潛意識**：曾讓企業、行銷與研究人員難以下嚥的「潛意識」，已經被重新定義，有了新名字。著名的心理學家，同時也是 2002 年諾貝爾經濟學獎的得主丹尼爾·康納曼（Daniel Kahneman）創造了「系統 1」的概念，而「自動駕駛」（Autopilot）一詞也已經為有科學背景的作者廣泛使用的術語，這兩個詞彙都讓「潛意識」變得更平易近人。在洞察地圖中解釋了，為何對於當今世界的品牌、產品、傳播方式與組織，了解潛意識的心理過程是如此重要。

2. **差異**：行銷與研究的核心，都是去了解使用品牌、產品與服務的人們之間的相似處與不同點。這個洞察地圖將探索我們是如何及為什麼將事物分門別類，接著解釋我們要如何思考不同人類群體間的差異（常見的區隔法），以及個人內在的各種差異（需求狀態與多層次的自我）。

3. **好感**：直覺地對某人或某物產生好感是一種強烈正面的感受，但它會導致相對應的行動嗎？以行銷傳播的發想為例，發展的脈絡中，喜歡一則廣告（或一個廣告概念、商標、宣傳活動、網站設計等）的意思究竟是什麼？好感和創意有關嗎？

4. **行為**：「態度與行為」在研究摘要中經常被提起，不假思索就能脫口而出，卻幾乎沒有被質疑過。我們很少反問「態度」是什麼？或做些什麼？又或是跟行為是否有關聯？這個思維洞察地圖會動搖我們對態度的假設，幫助我們解釋為什麼態度未必能引導或預測行為。

5. **語言文字**：市場調查是關於語言的研究。我們提出問題，傾聽人們所說的話語或閱讀他們在網路上的文字。我們解讀研究摘要，傾聽客戶講述他們的需求，然後以此提供建議。但文字是難以捉摸的。我們以為每個人對同一件事的理

解相同，但實際上並非如此。在洞察地圖中會解釋為什麼文字是複雜的符號，論述分析與隱喻敏感度等學科如何幫助我們發現人們（品牌或組織）真正想表達的意思。

6. **因果脈絡**：上述五種洞察地圖都參考整體脈絡的影響。而因果脈絡正是理解所有人類行為的關鍵。然而，我們這些專業人士經常過分專注於單一品牌、溝通、企業或行銷的問題，忽略了無形的文化、社會、環境與內部因素也影響著人們的言行舉止。

你可以一口氣讀完這本書的所有章節，也可以等某個特定專案需要使用時再來研讀，閱讀的順序不拘。我在每個章節的結尾都歸納出簡要的「關鍵原則」讓你熟悉內容。在書末附有一張書單，我無意增加你的負擔，所以僅列出影響我的思維最深遠的著作。

以下是本書可作為運用的幾種方法：

1. **尋找語言破綻**。這些可能來自書面文字，也可能是口頭表達，這會指向本書的一個或多個章節。舉例來說，如果客戶談到先前研究遭遇的挫折，希望這次可以更加深掘並潛入研究表層下，或是發掘出原始的驅動力等等，「潛意識」

和「語言文字」的洞察地圖能幫助你發展建立假設，這些假設能夠帶領你在專案中從頭到尾不迷失。如果簡報中提及「真實行為」、「座談會的其他選擇」、「行為觸發」等，那麼「因果脈絡」與「行為」的洞察地圖或許能夠啟發你或你的團隊找到去處。當涉及到任何形式的「創意發想」時，便與「好感」和「行為」這兩個章節相關。任何一種區分的概念，是一次探索態度與行為的機會，換言之，內在狀態的區隔，對於策略分析與形成十分有幫助。

**2. 撰寫致勝的研究企劃書。**質化研究的實際使用者專注於提供對利害關係人有助益的洞見，同時必須合理地選擇研究方法和代理商。透過展現你的想法並加入親身實例，在書寫與談話中將更具有權威性，也就更有希望從同業中脫穎而出。

**3. 變得更創新。**由於許多理論範圍互相縱橫交錯，可以用新方法把思維以適當的研究方式結合起來，便能再次增值。

**4. 意識到你自己的假設與行為，無論是針對一個類別或品牌，還是和研究參與者有關。**有反思能力的研究者會將自己置入研究之中，他們會不斷地反覆思考自己的假設和本身

的行為造成的影響，對於客戶或受訪者等研究參與者是相對比較負責任的。他們接受研究的結果，這些結論是來自共同產生的意義與理解，而不是客觀的真相。

我不是唯一一個相信質化研究正遭受前所未有的挑戰的人。許多從業人員對質化研究的未來也抱持悲觀看法（2015年6月AQR在廣泛諮詢的過程，發起質化研究專業實踐時顯現出悲觀的態度）。造成這種情況的原因很多，但最重要的兩個原因在於：缺乏質化研究的思維與一套訓練方法（任何人都可以自稱是質化研究者，門檻非常低），還有技術的進步使得調查（質化調查、量化調查或混合兩者的調查）能在一夜之間完成。

我並不悲觀。我寫這本書就是為了幫助下一代策略企劃人員、研究專家和客戶或終端使用者確信，典範實務會強化質化研究的基礎，能帶來商業相關更權威而有效的研究，為組織決策，企業和品牌創造助益。

在時間的限制（期限縮短）、預算的限制（研究經費必須做更多事），專業知識的限制（從業者和終端使用者所受的訓練都日益縮減）下，仍舊能帶來令人驚嘆的創新與解決方案。要如何應對種種限制則取決於我們本身的決定。

# CHAPTER 1

## 潛
## 意
## 識

「我畫出相機所無法捕捉的事物，來自想像或夢境，
或來自潛意識的驅動力。」── 曼‧雷（May Ray）

「心熱愛未知，熱愛未知的意象，因為心的本身也是未知的。」
── 雷內‧馬格利特（René Magritte）

## 起始點

　　1964 年，我首次受到「潛意識」的衝擊，我的第一份工作是市場調查實習生，當時的老闆邀請我和幾個年輕主管參加一場會議，那是我第一次參加小組討論。在場有八個 25 至 30 歲左右的年輕男子圍坐在一起。結束之後，我的老闆做出個人評論：「你真的很喜歡當中的某個人，不是嗎？」我非常訝異，他是怎麼知道的？我沒有意識到自己對這八名男性的其中一人更感興趣，但他指出我的身體語言有很多方面都「洩漏」了這個團體對我的吸引力，可能也洩露了我對某人的心意！

　　幾年後，我以研究員的身分與 Bill Schlackman（Ernest Dichter 的門生，深受佛洛伊德的影響）共事時，才對潛意識更熟悉，除了我自己的之外，還包括參與動機研究員的潛意識。比爾教導我關於人類的深刻真理：我們未必總是心口如一，嘴巴說出與心裡所想的往往是兩回事。

　　這並非代表人們有意說謊，或我們永遠無法得知他們真正的意思。以角色扮演的投射技巧（今日質化研究員的標準工具）、敏銳觀察行為、留意人們的用詞遣字和對自我意識的批判評論，有可能顯露出個人未曾察覺到的態度或感受。

## 潛意識是關於什麼？

　　我相信潛意識是探索人類行為的根本關鍵。人們經常在會議上引用一個統計數字：95% 的行為是源自潛意識。潛意識功能強大，在意識雷達底下運作，控制著我們的身體機能，如呼吸、運動、體溫調節、抵抗疾病等。潛意識是自胚胎成形後每一次經驗的記憶檔案庫（根據表觀遺傳學的新證據，甚至在這之前就開始運作著），儲存和調整記憶以及聯想到改變整體情況的記憶檔案庫。潛意識是情感的中心。我們臉紅、顫抖、感覺緊張或放鬆，有些感受是潛意識生成的，它試圖讓我們意識到重要的事情。潛意識也是想像力的根據地——那些珍貴的「啊哈」時刻，不知從何而來的點子萌生。我們的習慣與知識被刻入潛意識中，讓我們能不加思索的開車與計算零錢。潛意識能快速有效率地作出決定，有時是最好的決定，有時卻是錯誤的。這些表層下的機能共同運作，形塑出信念、價值觀和意見，影響我們的日常行為。潛意識是了解人們為什麼做其所做、想其所想、說其所說的基礎。

　　洞察地圖會審視用不同的研究調查方法，體認到潛意識的重要性，讓潛意識無形的影響被看見。

## 這不是關於什麼？

這不是一種教你「如何做」的思維模板，不是關於如何與何時使用投射技巧，不是關於如何在你自己和受訪者之間建立投契關係，不是關於功能性腦神經造影掃描、眼動追蹤裝置或內隱連結測驗揭露潛意識的運作方式。洞察地圖的目的是描繪一幅風景 —— 歷史與當代並陳的景象 —— 並鼓勵你找到自己的路。

## 潛意識的問題

從事市場調查質化研究工作的五十年來，我發現只有小眾市場或專業人士願意嚴肅看待任何提到「潛意識」這個詞的洞察。這是值得探索的一點。

到底潛意識（作為人類行為或態度的一種解釋）的哪一點，令行銷領域內外的有些人對它避之唯恐不及？

人們不關注、充耳不聞、抨擊潛意識或似乎開始接受潛意識的理論，但是卻強烈拒絕將其應用在實務上。讓我們回顧歷史來找出潛意識缺乏可信度的可能原因。

　　在商業背景下，佛洛伊德對人類研究的貢獻微乎其微。如果做更高層次的聯想，把佛洛伊德當成品牌，人們可能會想到躺在沙發上進行自由聯想的「談話治療法」；人格的三部分：超我、自我與本我，還有壓抑的概念（「童年關於性的念頭會潛伏在潛意識裡」）。

　　我相信壓抑理論是潛意識被商業界視為拒絕往來戶的罪魁禍首之一，潛意識包含著創傷、「不堪回首」（通常是關於性或不被社會接受）的記憶、希望與念頭，因為久經壓抑，雖然正影響著當前的行為，但卻無法有意識地回想。這些都遠離了市場調查在商言商的基本目標。

　　然而，精神分析與精神治療領域裡有一些非常重要的概念與方法，慢慢地被納入進入現代質化研究、組織管理、溝通發展與品牌思維中。

　　榮格早年曾是佛洛伊德的支持者，兩人對探索潛意識同樣感興趣，他與佛洛伊德也因為對潛意識的解讀不同，最終兩人分道揚鑣，榮格走出自己的路。榮格認為，我們受過往的經驗以及對未來的希望和欲望所影響，了解個體的三個要素是──自我、個人潛意識與集體潛意識。自我即意識，是我們所察覺到的記憶與影響；個人潛意識近似佛洛伊德的壓

抑記憶、渴望和想法。但有一點極為不同，榮格將潛意識看成是創造力。真正區分出榮格與佛洛伊德不同的是集體潛意識，即我們與所有其他人共有的那一層潛在意識：人類的進化以及包含祖先在內世世代代的活動方式和經驗共同留存於腦中的軌跡。

榮格的其他三個概念首先進入了主流心理學，後來又擴展到品牌思維、人力資源管理中，成為不那麼血統純正的榮格理論，被改編得較貼近實務面，包括：

· **內向（introversion）與外向（extroversion）的態度層面**—這是一種習慣性的心理取向，也廣泛的應用在品牌中（參見本書第 123 頁「洞察地圖四：行為」）。

· **基本機能**—感官（sensing）、直覺（intuiting）、情感（feeling）及思考（thinking）是用來感知世界、處理資訊與做出決定的不同方式。榮格依據基本機能的優勢和組合所發展出心理類型理論。MBTI 性格分類法（Myers-Briggs Type Indicator）開發出的評估工具讓分類變得更平易近人，直到今日，人力資源專家與心理學家仍使用這套評測標準來了解個人傾向。❶，心理類型也應用在品牌上，美國 FCB 廣告公司以此建立「情感 vs. 思考」模型。❷

・原型（archetypes）—在敘事、夢境、神話、文學、藝術與宗教中出現的形象與思想。行銷與品牌專家簡化了榮格的原型理論，以此發展品牌策略，如蘋果電腦是「創造者」、North Face 是「探險者」、迪士尼是「魔術師」、Mr. Kipling（英國餅乾品牌）是「聖人」的等等。上述這些原型可以直接了當的引導我們開始思考品牌與人之間的關係，每一個的原型的正面與負面特質是可以被定義的，如以下例子：

榮格過世的那一年，我的質化研究導師比爾·施萊克曼（Bill Schlackman）很巧合的在倫敦成立「威廉·施萊克曼研究公司」（William Schlackman Limited）。我與他

### 榮格：十二種核心原型

| 自我類型<br>（外顯的我） | 自性類型<br>（成熟的我） | 更高類型<br>（外顯的我） |
| --- | --- | --- |
| 天真者 | 探險者 | 弄臣 |
| 凡夫俗子 | 反叛者 | 聖人 |
| 英雄 | 情人 | 魔術師 |
| 照顧者 | 創造者 | 統治者 |

資料來源：The Langmaid Practice

共事了十一年，從不記得他有正式教過我精神分析或精神動力學的理論或實行練習。我看著他領導許多團體座談會——有些只持續三、四小時，並在幾個禮拜中反覆開會——和他一起分析文字紀錄，並解釋我們所聽到、看到與感覺到的事。比爾在訪問受訪者的過程，真正地做到不指引受訪者作答，而是讓受訪對象引導他的問題，他從來不使用訪談大綱，在訪談初期花費心思創造有同理心而融洽的關係，用行動展現出質化研究的重要精神－真實並且中立。

我從比爾身上學到，潛意識的行為會用各種方式呈現：如果人們感覺到尷尬或自信感被威脅，他們就會避談想法和感受；在有壓力的情況下，人們會試著讓自己「看起來很好」並「表現出自己最好的那一面」；「合理化」、「矛盾心態」、「正當理由」與「投射反應」在我們的日常生活的一部分。辨認出這些潛意識機制的作用，就可能透過角色扮演的發問及投射技巧，設法卸下思想與感覺的防衛。

賽門‧派特森（Simon Patterson）與勞倫斯‧貝里（Lawrence Bailey）在 1960 及 1970 年代接受質化研究訓練，和我是同時代的研究員。2013 年，他們在美國羅德岱堡採訪過比爾。賽門最近寫了一篇優秀的論文，詳細說明比爾的心理定向與心理詮釋觀點，但現行的質化研究已大半被

捨棄了。❸

　　「對施萊克曼來說，質化研究要更敏銳地深入了解消費者的期望與欲望，並加以解釋，首先提出心理學解釋，再來才以商業角度詮釋──藉以幫助客戶推出更有賣相的品牌、產品與傳播方式。」

　　換句話說，早在這些術語成為行銷與市場研究領域的熱門名詞前，他就提倡採用以顧客為中心的商業分析方法了。

　　在1970年代末期，「動機研究」轉變成「質化研究」，改變的過程遠比改名字更戲劇化。理論重心從質化研究的心理動力學基礎，轉變為更追求務實的過程：「詢問受訪者的想法，他們在做什麼或曾做過什麼，他們就會告訴我們。」我相信許多市場調查的使用者，包括從業人員，都由衷信賴這種質化分析過程。賽門・派特森說，今日的質化研究大多是「支持管理決策的佐證」，其中原因很多──受限於時間、金錢與專業等不足，只是如同雷射快速掃過問題，無法探索挖掘人們在真實生活的環境中，對訊息或品牌開發的實際反應。

## 意識的主導

　　直到最近，在哲學與科學史上將精神生活視為完全或大部分是有意識的。笛卡兒在 1644 年提出的哲學名句「我思故我在」開啟了理性主義數百年的歷程，理性主義主張「理性是知識的首要來源與試驗」❹，比從經驗或從感官獲得的知識更為重要可靠。

　　請任何人定義有意識的精神活動，他們會用這些詞彙表達：深思熟慮、故意的、可控制的、合乎邏輯思考、口頭上言詞斟酌。

　　**背後隱藏的假設是：人們的行為是有意為之，同時具有充分的理由；而行為的動機和觸發誘因，完全可以有意識的回憶和交流。**

　　與意識相反，我們找不到一種簡單的方式來定義潛意識。首先也是最重要的是，潛意識無法被意識到、無法被得知的。從神經科學的解讀，右腦基本上是前語言性、隱性的、直覺的、意象的、激發情感的「器官」，右腦對我們了解這個世界的影響，比起擅於線性思考、語文的左腦認知還大。我們指的是那些在不知不覺中影響了意識的刺激，例如公車

或雜誌上的廣告；我們提及社會和文化的影響，例如最受歡迎的度假目的地或正確的飲茶方式；我們還能討論直覺，例如我們的身體機能與系統都是在無關本人意向的情況下運作，讓我們活下去：讓心臟跳動、肺部呼吸、荷爾蒙平衡。我們甚至能提出「身心」（body-mind）這個詞——意指身體、心靈、情感與精神以動態的方式互相連結，影響著我們的行為，而我們卻渾然不覺。

所有的這些想法都是潛意識的運作過程，但它們並不像潛意識這個名詞一樣被污名化。

## 不受控制的潛意識

也許抗拒用潛意識來解釋人類行為的其中一個關鍵原因是，那些負責鼓吹改變的人必須相信自己的效力與掌控力：如果我做了 X、設計出 Y 或創造出 Z 來，那麼人們會按照我的期待行事，客戶會認為我是負責任的。

潛意識的概念難以駕馭，也無法加強權威性，因此最好避開、捨棄或抨擊。從潛意識裡面導論出來的市場研究觀點，往往要一個很有勇氣的且位居領導地位的人去汲取洞察並發

展策略。

## 為什麼必須認真看待潛意識？

　　我寫下這個思維模組，是為了幫助市場研究員找出與新手練習生和客戶溝通的方式，而不致引起負面反應，明確表示在人類行為中潛意識要素的關聯性與重要性。

　　首先，分類學總是有幫助的，至少總是能幫助我拆解「潛意識」這種少見的名詞，讓它變得比較容易消化。

　　潛意識可以用各種不同方式思考，當中的許多已經有市場研究方法、語言詞彙本與難以反駁的支持證據了。

1. 潛意識的暗示、反應與動態一與另一個人的關係。
2. 潛在意識知覺刺激一微弱的外部刺激，在意識注意力下方。
3. 自動生理反應一允許身體運作的調節與控制機能。
4. 認知、社會與情感偏見一產生積極或消極的思維錯覺。
5. 上意識刺激一在意識界限之上的外圍刺激，發生的當

下我們未必能夠留意到。

下面會針對每一點做出討論，以及質化研究工作的相關
影響。

### （1）潛意識的信號、反應與互動

英國有兩位研究員提供廣泛的心理學原則入門與進階訓
練。潛意識的暗示與動力無形伴隨著我們所遇到的每一段關
係——夥伴、家人、朋友、同事、客戶、受訪者及街上的路
人。潛意識的要素決定著我們如何解讀詮釋周圍的世界，影
響著我們作出何種回應。在質化研究中，與客戶和受訪者建
立富同理心、真誠而信任的關係，對調查能否成功至關重
要。學會意識到我們是如何自我投射，以及這對我們研究的
對象產生什麼影響。唯有透過自我覺察，我們才會更敏銳地
觀察其他人。這兩位傑出的英國質化研究講師是喬安娜·克
里扎諾絲卡（Joanna Chrzanowska）與羅伊·蘭梅德（Roy
Langmaid），本書也列出他們的網站，提供給有興趣的讀
者尋找加強其心理學效度的研究方法。❺

### （2）潛在意識知覺刺激

如何用科學解釋「潛在意識」（subliminal）？潛意識
刺激指的是未達到意識門檻的文字、圖像和訊息，即使我們

費心尋找，還是無法察覺到這些刺激，因為它們太微弱、強度太低，所以察覺不到。這些微弱的觸發點會影響行為嗎？從以前到現在一直是個值得討論的問題。

詹姆斯‧維凱里（James Vicary）是個狡詐市場研究員，他在 1957 年的報告提到自己曾反覆播放三千分之一秒的可口可樂與爆米花廣告給 45,699 名電影觀眾看，促使銷量暴增。不過在這之後，他再也做不出這個實驗，戲院老闆受採訪時也宣稱這個實驗從未發生。日後維凱里承認，他的「研究」其實是設計來挽救自己的生意的。在我探索潛意識影響的過程中，這個實驗結果曾被多次引用，但這些文章卻沒有警告我們，這實驗從頭到尾是一場騙局！

儘管仍然缺乏支持證據，潛意識影響的概念 —— 一種太微弱而觀察不到的刺激卻足以影響我們的行為 —— 持續研究會很引人入勝。維凱里的主張導致帶有潛意識暗示的錄音帶暴紅，它們宣稱可以提高自尊、讓人學到更多法語動詞或戒菸等，之後通過更嚴謹的實驗證明將這類宣稱功效的錄音帶歸於安慰劑效果。1970 年代，人們相信潛意識訊息隱藏在音樂和藝術作品中，成為嬉皮文化的一部分。

直到 2009 年，荷蘭奈美根大學（University of

Nijmegen）的尤亨・卡里曼斯（Johan Karremans）與同事們決定再次測試潛意識的有效性。他將 105 位自願者分成兩組，給他們吃會讓人感到口渴的鹹糖果，接著他對實驗組傳達「立頓冰紅茶」的潛意識訊息，但沒有傳給對照組。結果實驗組有 80% 的人選擇了立頓冰紅茶，相較於對照組只有 20%。❻ 他從各種不同實驗中歸納出結論，只有在刺激訊息高度相關時，這類的潛意識觸發才有效果。

即使是今日，「潛意識」這個詞仍帶著操縱與洗腦思想有關的負面聯想，這也是萬斯・帕卡德（Vance Packard）的名著《隱藏的說服者》（The Hidden Persuaders）的主題。❼

潛意識觸發（完全沒有意識到觸發刺激，如前述的立頓冰紅茶實驗）與人們可能沒有意識到的觸發刺激影響之間存在著差異，這解釋了內隱記憶的預示現象。

在上個世紀的 80 年代，研究者發現「接觸一個詞，會容易聯想到許多相關的詞彙，這個變化是立即而且可以測量的」❽ 如果你最近看過「eat」這個字，你就更有可能把「SO_P」這個字，填成「SOUP」而不是「SOAP」。引發刺激的形式五花八門——字詞、象徵、隱喻、手勢、概念，

甚至場所 —— 這些都會在我們無意識或對無法覺察原始觸發點的情況下，影響著我們的行動。如果你想看如何產生促發行動，請見達倫・布朗（Derren Brown，知名的英國心理研究者與魔術師）如何成功欺騙兩名廣告創意人的 youtube 影片。

促發現象對研究調查使用者有著巨大的影響。以下是其中的幾個例子：

某個研究員在焦點團體訪談中介紹了廣告文字概念。她說：「這不是廣告，而是初期想法」。接下來的一個半鐘頭，讓客戶與代理商懷惱不已的是，這些想法被稱作「廣告」，就算沒有用「廣告」這個字，也被當成廣告來討論，因為他們已經產生促發反應了。

前置作業（pre-tasking）也促發著行為。舉例來說，我們經常請受訪者創造拼貼出「財務」這個主題（或「信任」、「責任」、「關心」等）。丹尼爾・康納曼（Daniel Kahneman）舉出許多實驗說明，受到金錢而啟動促發的人比起其他主題的人更不易與他人合作，在任務中更獨立。與其他的狀況相比，促發「關心」能帶來更多「溫暖」的回應。

　　促發現象也發生在市場研究公司的等候室中。在牆上投影的影片使得受訪者像是置身在醫師的候診室裡，而不是在和其他人談論某個特定問題或話題。可以猜想這對於受訪者對主持人的看法以及被問及需要的問題時會有什麼影響？受訪者會變得不太願意開口說話，緊張而沉默。主持人必須讓他敞開心房，要花比較長的時間才能創造最有利的訪談環境。

　　重點是，有積極的促發行為，也有消極的促發行為。身為研究員，我們有義務了解並思考清楚針對對象、事件、地點、以及用什麼手段促發啟動受訪者，以及這可能影響的結果。留意到自己是如何被促發也很有幫助（稱為事前研究簡報〔briefing〕）。行銷專業人員經常會促發研究員，不僅是為了要探索或找出什麼，還包括最終用戶可能是什麼人，以及他們可能對這類或那類訊息做出什麼反應等等，這會影響研究員在訪談調查中的行為。

### （3）自動生理與神經系統反應

　　2003 年，蓋瑞·利奇威（Gary Ridgway）承認自己就是綠河殺手，在西雅圖地區殺害了四十九名女性。十六年前他曾順利通過測謊，然而另一個清白的人卻未通過測謊。測謊器自 1921 年問世以來，對於其能否偵測出謊言的準確度一直有爭議。現代測謊器會測量血壓、呼吸頻率及出汗等自

動生理反應組合，用來衡量人們對刺激的情緒反應。

　　早在古埃及時期或更早之前，就已經從內部和外部因素中觀察到了我們的身體、荷爾蒙、神經與生理反應。薩滿巫師、巫醫和醫生學習去注意這些可觀察到的生理反應，並將其與個人心理狀態連結起來，進而做出診斷、預防與治療（並非總是準確或成功）。現代神經科學直到最近二十年仍沒有辦法解釋人類的內部運作。

　　神經科學的進步，特別是針對腦部的情感反應研究，加上較容易操作也較平價的技術，催生了一套全新的生理與神經測量方法，其中許多方法的效度、可靠度、延展性與可負擔性一直倍受爭議。

　　許多方法已經成為市場研究調查的主流，例如面部編碼、內隱反應時間測量、眼動追蹤、生物統計學與腦波。新的穿戴式裝置也已經運用在市場研究的目的中，例如Fitbit、Google Glass 和 Apple Watch。這些裝置會在使用者買東西、上街、在家、休閒、上網等情況，捕捉活動時的心率和皮膚電阻反應（流汗的科學用語）。

　　神經行銷學家發明了一種新語言，來描述這一波應用於

市場研究技術工具的「內容」和「方式」。首先,他們用「無意識」(non-conscious)這個詞來定義完全無法進入我們大腦思考區塊的腦部活動測量。「無意識」這個詞,是不是多少比「潛意識」更容易被人們接受?(我會在本章末探討用更明確的方式談論潛意識的可能性)對許多使用者來說,「無意識」比較科學,因為這個術語描述了內省顯然也無法察覺的身腦反應,我們無法得知大腦哪些部位因為刺激而起反應,也無法判斷我們的反應時間是多少毫秒。其次,他們用「neuro-」(神經)這個字首來區分這些方法與傳統質化及量化方法的不同,例如神經工具、神經企劃人員、神經測量、神經專業公司、神經數據等。

在美國,神經工具正逐漸成為大型研究公司與跨國公司內部一系列研究的標準:廣告測試、品牌追蹤、產品試驗、概念評估、包裝與香味測試、媒體研究、客戶體驗與顧客歷程等。

益普索神經與行為科學中心(Ipsos Neuro and Behavioural Science Centre)的艾麗莎‧莫塞斯(Elissa Moses)充滿熱情地看待未來無意識技術的可負擔性、全球普及性及接受度,雖然她明確表示,使用者必須了解自己要運用哪些測量法,有些方法是測量不同種類的情感投入程

度，有些則是測量衝擊，同一套方法無法滿足所有的測試目的。

她在一篇文章中表示，依照市場表現調整無意識測量方法是必要的，因此客戶必須願意分享他們的數據，才能真正地有所進展。

根據市場調查結果將神經數據建立模型，新的無意識反應會為標準市場反應模型創造出變數 …… 客戶必須做的是分享其市場研究數據，才能在無意識的數據預測模型中做出新突破。❾

在這裡我必須承認某種程度的神經質是必要的。我可以想見在將來，廣告和其他的傳播形式將不得不進行比過往更多的前測或追蹤測試，例如大腦活動指數及當前的品牌或廣告意識指數。

同時我也抱持懷疑態度，我並不相信這類方法能取代質化研究。神經數據或許顯示了 A 組的設計能引發大腦的情感反應，B 組卻不能，但這個數據仍無法回答許多重要問題。這個結果是否跨越了不同文化和區域？在品牌的忠實愛好者和已流失的使用者之間是否仍無法動搖？ A 組已經是最好的

設計了，還是只是比 B 組好而已？如何在整個範圍內進行轉換設計？與競爭對手相比如何？它多大程度的強化或削弱品牌價值？這些問題不能單靠神經測量法來回答。

### （4）思維錯覺—認知、社會與情感偏見

康納曼（Daniel Kahneman）對理解人類行為的貢獻、尤其是對理解行銷與整體研究環境方面，是不可低估的。2011 年出版的《快思慢想》（Thinking, Fast and Slow）終於打進了主流研究、行銷與組織思維的領域。❿ 他數十年來的工作 —— 與許多科學家合作研究人類如何做決策 —— 已經推翻古典經濟學家提出的「人」的概念，也就是說，人的行為是理性的，合乎邏輯的，依循效用最大化的計算原則（亦即試著以最少的努力取得最好的結果）而行動的概念。從 1960 年代早期至今，跨學科的科學家們進行了數以百計的實驗後最終證實，人們並不是以對自己經濟有優勢的方式做事（運用古典經濟學模型及理性人行為準則）。

康納曼提到，人類心智過程有許多不可或缺的「思維錯覺」，而這些都超出於意識的範圍之外。

為了解釋思維錯覺，他提出兩個虛構角色，稱為系統一和系統二。他們就像變身怪醫一樣，常駐在我們的心智身體

內，彼此總是不斷地製造分歧衝突或互相協調誰才是對的，誰有權作主，以及該採取什麼行動。系統一是毫不費力的自動系統，快速聯想；系統二則是需要付出努力的系統——是連續性的、緩慢而深思。

菲爾・巴登（Phil Barden）他的著作《行銷前必修的購物心理學：徹底推翻被誤解的消費行為，揭開商品大賣的祕密》❶ 書中，用更簡單的方式思考這兩種系統。他提到自動駕駛與飛行員的概念，飛行員必須具備專業知識、靈活的頭腦，知道如何起飛和著陸，並且處理可能發生的問題等；自動駕駛則是負責所有自動化決策，一旦升空，飛機將處於自動飛行模式，在飛行員不知情的狀態下進行計算和調整。

系統 1 做出的即時決策，結果不一定是有利的——快速或簡略的判斷有時是準確的，但往往並非如此。人類的記憶容易出錯，會誤判統計機率以及不願意改變。舉例來說，大多數的人比起坐車更害怕坐飛機，但因車禍死亡的機率遠高過飛機失事的機率。我認識一個人，在 2008 年全球金融危機中買賣股票，儘管有各種反面證據（例如金融新聞和全球性事件），但他仍持續大量投資，相信股市「落到谷底必會爬升」，結果他賠上了一半的退休金。諸如此類的思維錯覺，形成了行為經濟學（behavioural economics）這門新學科。

遺憾的是，產生錯覺的想法無法隨心所欲的關閉，因為系統二需要一段時間才能弄明白錯誤出現在哪。

康納曼強調，系統 1 與系統 2 不是位在大腦的某個部位（例如左腦和右腦）或特定區域（例如杏仁核或海馬迴），而是提供了一種用來理解人類的大腦 - 身體作為一個整合系統如何運作的方式。若是全盤接受這個概念，經常會忽略的是行為經濟學家將人類決策描述為「非理性」與「不合邏輯」時，僅只是與經濟學家的預測結果相比較。在這種情況下，不合邏輯的決策，也許是從另一個人的角度來看是不合理的。思維的錯覺，或者說是偏見，是人類為了在世上生存而做出的適應性反應，它們在某些方面並非「錯誤」或「否定」，這點很重要，在運用這個詞的時候要注意。

對於像我這樣喜愛分類學的人，將偏見劃分為三種類型：認知偏見、情感偏見與社會偏見，我甚至還會加上第四種偏見：文化偏見。

如果由我來定義每一種偏見，我會這麼說：

認知偏見是由於不正確的推理、記憶錯誤、對統計的理解不足或缺乏資訊。例子包括「小數法則」、「可得性偏差」

與「效度錯覺」。人們會因為報紙與社交媒體反覆報導的新聞而高估孩童遭綁架的風險。新聞的「易獲得性」使風險顯得更高，雖然這類事件的發生率極低（維基百科列出了一份很有用的認知偏見清單❷）。

　　情感偏見指的是受感覺、感情與情緒影響的決策，例如「損失規避」、「稟賦效應」以及「框架」。我有一個母親遺留給我的銀茶壺，它已經壞了，我也從未使用過。我拿去估價，對方告訴我這種老式鍍銀器皿，在倫敦的波多貝羅跳蚤市場也不值錢，但我捨不得丟棄，因為我擁有這個茶壺，它才這麼有價值，這就叫做稟賦效應。

　　社會偏見是指那些受到其他人如何看待所影響的決定（外部影響），除此之外，還受到社會整體環境所影響著我們的行為舉止。這是關於是社會認同（內部影響），不是受他人可觀察到的行為所影響❸。當一群同事下班後結伴到夜店去時，多半會點和別人一樣的飲料。你會聽見他們說：「我也一樣。」這是因為附和多數人的意見比表現自己的個性更安全。

　　文化無形的融入在我們生活中，從出生前就開始影響著我們的行為，例如餵母乳的方式與地點，或如何教導孩子尊

重等。在我寫這篇文章的時候，有一對父子被判入獄一年，兩人都在一間伊斯蘭中心任教，因毆打一名十歲孩童導致其身心受創而被判處有罪，這是一個關於如何灌輸孩子服從、尊重和學習的文化差異例子嗎？

上述每種偏見都導致了我們沒有意識到的行為。它們通常是系統一的自動直覺反應。康納曼警告我們，即使透過系統二持續警惕和監督，讓系統二參與做出日常生活決定，既不實際也缺乏效率。

他建議，我們只能在做風險很高的決定時盡量多注意，例如買房子、選擇結婚對象或拿辛苦賺來的錢投資股市。❹

### （5）上意識刺激

還有一組不同的刺激，稱作上意識刺激（supraliminal，高於意識知覺的界限），影響著我們的選擇或決定，我們不一定注意到它們，也不一定意識到自己當下已經注意到它們。如果我們把注意力集中在上面，就能意識到這些刺激，但大多數時候我們並不會這麼做。

想想經過咖啡店時聞到咖啡香帶來的影響，聽到背景音樂會如何影響心情，從可能開始買東西的角度來說，銷售環

境的友善度或其他方面，食物的顏色或陳列是如何影響你的
食慾和購買意願。

　　在零售及品牌產品策略中，管理這些觸發因素，對於品
牌或品類的獨特性和銷售愈來愈重要。品牌與廣告商，特別
是媒體策略人員，都逐漸意識到周圍環境觸發線上和線下的
影響，包括組織、名人、政客、政黨和其他人也是如此。

　　巴斯大學管理學院（Bath School Of Management）
廣告理論資深講師羅伯特・希斯（Robert Heath）的突破
性研究，關於廣告（傳播）的低注意力處理，便屬於上意識
影響的場域。簡言之，關於品牌的資訊可以經由兩種方式
獲得，而不需要積極、仔細思考的注意力。第一種是被動學
習（passive learning），一種低注意力認知過程，允許人
們將品牌和廣告中某些元素連結起來，不必直接詢問就能回
想起自己以前看過那則廣告；第二種是內隱學習（implicit
learning），這是一個不需特別注意，大腦會自動進行的過
程。內隱學習將從在廣告中所見所聞，與概念和／或情感
意義結合儲存起來。希斯特別提到商業廣告的「後設溝通」
（meta-communication），可以說是非語言性的溝通方式，
例如音樂、顏色、節奏、情緒、電影攝影等，這些通常比受
訪者複述他們是否理解背景和人物的公開訊息要重要得多。

　　品牌的各方面目的都是為了傳播，並有能力改變人與品牌的關係。視覺、聲音、象徵、音樂、手勢、背景與許多其他東西，都是傳播的核心要素。❶⑤

　　在今日的市場行銷領域，人們普遍認為品牌存在於人的頭腦中，長久下來他們透過各種品牌接觸點發展聯結。以 Sainsbury's 超市為例，你可以任選一天參觀 Sainsbury's 其中一間分店、開車經過另一間分店、看著街上其他人拿著 Sainsbury's 的袋子、看 Sainsbury's 的電視廣告、聽收音機報導他們的財務表現、側耳聽其他人談論這間超市、在網路上訂貨並上 Twitter 看人們提及 Sainsbury's。所有這些接觸點最後都會儲存在你的大腦裡，雖然大多數在意識的記憶中很快就被遺忘。

　　勞倫斯・格林（Lawrence Green）是 101 London 廣告公司的合夥創辦人，最近總結了希斯的論點精華：

　　我們對廣告的潛意識反應（我們鮮少注意到的情緒反應，更不用說和研究員產生聯繫）才是廣告是否有效的主要驅動力，而不是有意識的消費——表面上需要，實際上不想要。

——《每日電訊報》，2015 年 9 月

我想格林所說的「潛意識」和「上意識」是相同意思。雖然是在談論廣告，但也適用於人類日常生活的關係與反應上面。

## 潛意識的關鍵原則

為什麼我們必須認真看待潛意識。如果人類沒有對意識的覺察和思考，就不會進化出大量的行為能力，也無法演化為一個成功而適應力強的物種。當然，人類的獨特能力仰賴我們呼吸、思考、等待、覺察和計算的大腦意識，但多工處理不是它的強項（不像潛意識）。

有些具有意義的啟示則是值得我們深思：

（1）一個新的語言詞彙本：讓我們學習如何用更為具體的方式談論潛意識的不同層面。正如康納曼巧妙地透過談論系統一與系統二，重新定義潛意識，我們透過新的詞彙包裝思想。我的建議如下：

- 系統一與系統二（自動駕駛與飛行員）：用來解釋對內外部事件的不同的回應方式。由於羅瑞·蘇瑟

蘭（Rory Sutherland）與尼克・梭思蓋特（Nick Southgate）等早期行銷／廣告人（還有許多行銷人、市場研究員、部落客、記者與科學家）的先見之明，拔去潛意識這個名詞艱澀的刺。

- **無意識**：這個術語是用來解釋隱藏在我們的體內與腦部持續運作（且我們永遠覺察不到）的生理與神經過程。

- **上意識**：我們能察覺刺激（在意識門檻之上）但僅以較低的意識水平來處理。

- **低注意力處理**是一個很好的術語，用來解釋行銷與廣告暗示對行為的影響，特別是在建立品牌聯想這方面。

- **促發**：透過語言、隱喻、手勢或想法觸發的潛在意識（在意識門檻之下）聯想。

- **思維錯覺（認知、情感、社會、文化）**：系統一快速高效的天賦直覺所造成的錯誤理解。

如果身為研究人員和使用者的我們，同意運用這些定義，那麼「潛意識」這個詞就不再如本章開頭所描述的被污名化。

如果我們不選擇這樣做，我們根本沒必要使用這個詞。

**（2）改善我們對不同種類心理活動的理解，會使我們的研究更加嚴謹。**

我們將建議更具權威性與說服力的合適研究方法。

根據研究與目標對象的不同，愈來愈常建議混合不同研究方法來解決系統一與系統二的心理過程。量化與質化方法的彈藥庫裡有許多種可能的武器組合——例如人誌學觀察與訪談、手機或平板電腦所捕捉到的現場反應、線上座談會與團體座談會、內隱關聯測驗（IAT）、新的可穿戴科技所帶來的眼球掃描法與測量法等。

**（3）優秀的研究來自良好的訓練。**

在未來，對質化與量化研究的基礎理論幾乎不了解或一無所知的從業者，就像恐龍無法適應寒冷環境一樣，那些仍執著於 1950 年代舊觀念的客戶，認為能透過邏輯計算收益、合理化的選擇理由或發展廣告說服等，來理解人們如何做決

策、購買品牌或回應廣告，他們將是頭一個滅絕的物種。

（4）我堅信，所有追求卓越研究員都應該接受某種形式的個人成長功課。這並不是草率提出的最後忠告，而是基於我的親身體驗，還有我參加個人治療與成長發展課程找到的價值，這些經驗拓展了我身為質化研究工作者以品牌／企業顧問的能力。追求個人成長的方法很多，從個人或團體心理治療到 The Hoffman Process 和 The Landmark Forum 等為期一周或週末的課程。當我感到焦慮或不安全感時會變得過度控制一切，卻不明白這種行為的源頭何在，我從其他人身上認識了自己。例如，一個年輕或經驗不足的客戶，負責一個重要專案時，在建立專案和市調執行的初期往往會比較挑剔而「難搞」，當成果要展示給主管看時，情緒會變得更加強烈。了解我的行為出自什麼原因是有幫助的，至少讓我不會以為自己不夠專業或無法勝任工作。

（5）最重要的是，在所有充實而有意義的關係中，無論是一面之緣（面對面訪談、焦點團體體驗或網路線上經驗）還是長期往來（客戶團隊），我們都必須學習有同理心、真誠而信賴。這些特質要求質化研究員與策略企劃人員精益求精、更了解潛意識對行為的影響，同時學習覺察這些影響如何體現在自己身上，先檢視自己，才有能力觀察別人。

## 參考資料：

1. "MBTI Basics." The Myers & Briggs Foundation. http://www. myersbriggs.org/my-mbti-personality-type/mbti-basics/.

2. "The FCB Grid: What It Is and How It Works". SEMrush Blog. https://www.semrush.com/blog/the-fcb-grid-what-it-is-and-how-it-works/.

3. Patterson, Simon and Francesca Malpass. "The influence of Bill Schlackman on qualitative research." International Journal of Market Research Vol. 57 Issue 5 (2015): Pages 677-700.

4. Blanshard, Brand. "Rationalism". Encyclopaedia Britannica. https://www.britannica.com/topic/rationalism.

5. Joanna Chrzanowska http://www.qualitativemind.com and Roy Langmaid http://www.langmaidpractice.com

6. Karremans, Johan; Wolfgang Stroebe and Jasper Claus. "Beyond Vicary's fantasies: The impact of subliminal priming and brand choice." Journal of Experimental Social Psychology, 42, 2006. http://www.werbepsychologie-uamr.de/files/literatur/02_Karremanns_Vicary_2006_Beyond-Vicary.pdf

7. Packard, Vance. The Hidden Persuaders. New York: David McKay Publications, 1957.

8. Elissa Moses executive vice president, Ipsos Neuro and Behavioural Science Centre. "What's next for non-conscious measurement?" Quirk's Marketing Research Media. January 2015 http://www.quirks.com/articles/2015/20150109.aspx

9. Moses. "What's next for non-conscious measurement?" http://www.quirks.com/articles/2015/20150109.aspx

10. Kahneman, Daniel. Thinking Fast and Slow. New York: Farrar, Straus and Giroux, 2011.

11. Barden, Phil. Decoded: The Science Behind Why We Buy. London: John Wiley and Sons, 2013, p.

12. 認知偏見清單：https://en.wikipedia.org/wiki/List_of_cognitive_biases

13. Champniss, Guy. "No I Won't, but Yes We Will: How the Social Side of Decision-Making and Behaviour Is Worthy of a Closer Look". Behaviouraleconomics.com. https://www.behavioraleconomics.com/no-i-wont-but-yes-we-will-how-the-social-side-of-decision-making-and-behaviour-is-worthy-of-a-closer-look/.

14. Kahneman, Daniel. Thinking Fast and Slow. New York: Farrar, Straus and Giroux, 2011.

15. Heath, Robert and Paul Feldwick. "50 years using the wrong model of TV advertising." 50th MRS Conference, March 2007.

# CHAPTER 2

理
解
差
異

愛麗絲問柴郡貓:「我應該走哪一條路?」
「那要看你想去哪裡。」
——路易斯・卡羅(Lewis Carroll),《愛麗絲夢遊仙境》

## 起始點

　　我在 1973 年讀過一本書，讓我印象非常深刻，是由弗洛拉·雷塔·施萊伯（Flora Rheta Schreiber）所寫的《Sybil》。據作者表示，這本書是對一位有多重人格障礙的女子的事實陳述❶。書中描述 Sybil 與治療師的長期關係，期間她顯現了十六個鮮明人格：包括兩名男子和一名少年，其餘全是女性，每個人格從聲音、行為、態度、意見，到身體與情感表現皆不相同。治療師的角色是讓 Sybil 整合她的人格，修補她破碎的自我。（我直到開始寫這一章時，才發現書中內容原來是場騙局）。

　　我認同 Sybil。我也有多重人格，表現出各種不同的行為與想法。「專業的我」出現在工作上，儘管我未曾察覺；「永遠遲到的媽咪」到保姆和托兒所那裡接小孩；「精打細算的購物者」不去漢普斯特德（Hampstead）的水果店，而是在當地的路邊市場買次好的水果；作為一個「南非反種族隔離支持者」卻從來不夠勇敢到成為社會運動者。為免讓你厭煩，我不會再繼續介紹我呈現的其他五六個「人格」，除了每個人格的行為不同之處都取決於環境——我與誰在一起、我在哪裡、發生的事，以及我的內心狀態。

　　我很快察覺到，我所訪談的女性與男性也有多重人格，這些人格形塑了他們的品牌與產品偏好的清單。從餅乾到酒，從烹飪到巧克力，人們的購買與消費行為都各不相同，取決於在當下情境哪種人格最重要。如果牧師或岳母來訪，你會拿出雪利酒而不是一般牌子的啤酒；餐後，你會端出薄片包裝的 After Eight 巧克力，而不是一大塊巧克力。這些行為不只出現在個人身上，不同的人也會出現相近的行為模式。

　　這種看人下菜碟的傾向似乎是人類生存的根本原則，這是我們解決問題、橫渡世界、預測接下來會不會發生什麼事、做出決策和管理複雜事物的方式。

## 什麼是差異？

　　這一章是關於人與人之間的關係以及個人內在狀態，如何思考多元性與差異性；本章也關於選擇品牌到使用服務，從態度、行為、觀點、生活方式和個性方面的差異。最重要的是，本章會告訴你人們如何理解從早到晚每分每秒不停轟炸我們的龐大資訊，以及要販賣商品或提供服務時，應如何與人們接觸。

　　為什麼這對於品牌、公司、機構、政黨和個人很重要？以上每一種實體，在某些時候都需要為其產品、服務、訊息及創新做兩件事（讓我們以「品牌」這個詞同時涵蓋「客戶」、以「顧客」這個詞來代表受眾）。首先，品牌客戶必須了解是什麼原因，將其潛在顧客聯結在一起？才能針對他們的共通點迅速有效地推銷。其次，品牌客戶也必須了解如何區分這些顧客？所以他們就可以：

（A）建立一個輪廓清晰的獨特品牌，不需要去吸引某些人（如市占率小的自有品牌）。

（B）設法同時透過不同媒體傳達不同訊息，行銷給不同類型的顧客（例如，這會是一個市占率高的中端市場品牌的頭痛問題）。

　　身為研究員，我做的每一次研究都是從令人不知所措的混亂開始，最後透過觀察、資訊與體驗感到自己找出其中的意義。其中有模式存在，其中有相同之處也有不同點。主客體之間有關聯性。我的詮釋並不總是完全正確，末端使用者也不一定接受，但重要的是，我開始認識存在於個人身上和人與人之間的模式，這些模式或許也適用於其他多數人。

　　理解多元性和差異性（還有相似性和模式）已經進入許多市場調查研究的客戶簡報中，尤其是質化研究。許多關於「顧客」或「消費者」態度和行為的研究目的，都圍繞在對差異的觀察——為什麼有些人喜歡這個，其他人卻喜歡那個？為什麼有些顧客這麼認為，其他顧客卻不這麼想？為什麼我們的數據顯示，有些顧客會頻繁更換品牌，其他顧客卻似乎對優惠價格不為所動？

　　要了解群體或個人內在的差異，就要對環境背景的架構脈絡有敏銳度。脈絡是指圍繞著一個特定事件、情境等的狀況或事實。討論「洞察地圖一」（潛意識）與「洞察地圖六」（脈絡）時，我用「脈絡」這個專有名詞來描述外在環境及內在感情、情緒和所有潛意識元素。

　　幸運的是，處理異同是人類的天性。如同我們自然而然就能學會母語，學習把類似的事物聚集在一起也是同樣道理。一個牙牙學語的兒童會指出並用一種聲音來描述各種類型的狗，而不僅僅是單一特定品種的狗。分類是生存的必要條件。從柏拉圖到亞里斯多德「如何」創造出類別的聰明睿智，深深地影響了現代電腦科技人工智慧的發展。

　　本章節借鑑了我自己的質化研究經驗，並對過去到現在

的神經科學、行為經濟學、人類學與市場研究實踐進行分類參考。

## 這與什麼無關？

　　本章不是關於設計消費者族群調查的不同途徑與方法。克蘭菲爾德管理學院（Cranfield School of Management）教授蘇珊·貝克（Susan Baker）發表過一篇以〈市場區隔與定位〉（Market Segmentation and Positioning）為題的文章❷，非常清楚地闡述了需要考慮的重要事實。首先，定義至關重要。我們在考慮的是怎樣的市場？應該如何定義？比方說，在餅乾市場或巧克力市場，可以存在同一個品牌？還是應該把整個市場定義為「零食」？在每個案例中的競爭環境都是不同的。消費者是什麼人？是去購物的父母還是終端使用者？是把質化研究區分放在量化研究之前？還是將質化研究相關的部份帶入生活中？有許多變數可以測量──必須從中做出判斷，例如：社會經濟學與人口統計、心理統計、地理學，主觀測量法像是品牌認知、自覺行動利益、品牌及產品庫等，以及客觀測量法如用途、價格敏感度與方法偏好等。

　　建立一個好的市場區隔研究是一大挑戰，如果你是這個工作領域的新手，你可以通過導師指導或研究個案歷史，歸納總結出做一件事的不同方法。。

## 關於分類，科學能告訴我們什麼？

　　我不是一個神經科學家或實驗心理學家。如果要說的話，我對人類大腦運作方式偶發的好奇心，更像是有收集癖的人而不是努力的科學家，因此，我遇過數種不同觀點，說明為何人類是分類專家。

　　首先，我們必須記得，分類是知識與經驗的心理展現。類別就像是個箱子，其中相似的物品的被集合起來，以普遍屬性和一般資訊來定義。大腦會記下某一類別中的具體例子，也會儲存所有成員所共享的一般資訊，以此定義該類別並區分出和另一個類別的不同。

　　毫無疑問地，這張圖片顯示著四輛車，但每輛都不同，它們的共同規則是什麼？不能是車輪數量、顏色或燃料類型。如何簡單定義一個多元組成的類別，這問題也曾困擾著維根斯坦（Ludwig Wittgenstein），後來他在《哲學研

究》（Philosophical Investigations）中提出家族相似性（family resemblances）的概念。一個類別中的成員，以幾種不同的方式彼此相似—— 一輛車與其他車相像，但不會一模一樣。

因此，我們的心理有兩種呈現類別的方式。一種是加州大學柏克萊分校心理學教授愛蓮娜・羅施（Eleanor Rosch）在 1970 年代發展的原型理論方法，她表示，類別中的一個成員比其他成員更核心，是因為它抓住了其他成員本質上的共同特點。椅子（你拿來坐的家具）是原型，而不是長凳、高腳凳或情人座。

另一種是範例方法，以過去所遭遇過的真實例子為依據，當我們見過知更鳥、烏鴉、海鷗、企鵝與鴕鳥之後，我們會創造出一個關於鳥的記憶範例，即牠們可能都有羽毛、翅膀與兩隻腳的共同特徵。當再遇見不同的生物如信天翁時，我們就會將牠與記憶中的鳥進行比較，以此做出分類。

我意識到質化研究員也用這兩種方式分類。有時我們把研究對象全混在一起，將他們的差異平均化（如上述鳥的例子），以便描繪出一個典型的品牌消費者形象。試想我們在招募受訪者時所描述的特徵，或是我們已經為這些在品牌、

產品或服務方面有共同特點的人命名，例如像是「科技迷」、「科技落伍者」等。

有些時候，我們會被一個原型深深打動，於是會請他入鏡並訪問他，用單一個體來代表整個群體。

似乎類別愈大，我們就愈可能取平均值；類別愈小，我們就愈可能選擇一個樣本。

我今天從廣播聽到有人把霍克斯頓（Hoxton）的文青定義成一個穿牛仔九分褲，提著公事包，願意花 3.5 英鎊買一杯卡布其諾的鬍子男。這是如何刪減細節、取團體成員的平均值得到的結論？

分類的領域很廣泛，涵蓋許多學科 —— 神經知覺力學、類別的階層結構、語義網路、大腦如何區分不同種類訊息的 fMRI 功能性磁振造影研究、神經網路和知識運算等，族繁不及備載……

當我一面追隨著各種新資訊前進時，腦中的警鈴也同時響起。我想起愛麗絲問柴郡貓的話：

「我應該走哪一條路？」

「那要看你想去哪裡。」

　　對我來說，這段路程的終點是當我們把人依不同象限劃分、或從數千人中選出一人來當範例時，我們會更清楚地意識到自己在想什麼和做什麼。

## 分類的詭雷陷阱

　　行為經濟學涵蓋許多學科，例如實驗心理學、社會人類學，以及研究社會影響和連通性的新領域。當我們從此角度審視，會了解到分類不一定是好事。

　　我們很容易落入幾個詭雷陷阱：

　　1. **刻板印象**：期望一個團體中的成員展現出共同特點，卻對於個體本身一無所知。從一個人的鬍子造型和牛仔褲風格並貼上「文青」的標籤，就是刻板印象的一個例子。有趣歸有趣，但一點也沒有根據。

不幸的是，由於姓名帶給人的刻板印象，而成了糟糕的質化和量化區隔研究中的流行病，例如像「世故的蘇西」、「明智的傳統主義者」、「掙扎的購物者」等等。有些名稱帶著既定的（否定意味）的看法。記得有一次，一個客戶請我們改掉一個分群的名稱，她說自己原則上同意這個用法，但我們提出的名稱太不討喜，她希望我們另外找一個更為達意的描述詞。或許我們在命名區隔的時候往往一時衝動而欠缺考慮？

2. **認知偏差**：人們容易高估群聚數據的重要性。也就是說，我們看到的群集和關聯性，可能有因果關係也可能沒有。這通常發生在大量的隨機抽樣的數據中，對於試圖理解大數據或想從全然不同的研究中找出模式的人來說是個警訊。不過這也有可能發生在大型質化研究中，稱作群集偏差（cluster bias）。

這裡還有一個常見的陷阱：選擇性認知（selective perception），就是因為期望影響了認知的傾向。當我們為了尋找群集而觀察，或受促發尋找某些類別 —— 當然會如願。

3. **社會偏見**：我自己曾犯過兩種偏見，研究員若不留意

也有可能落入陷阱。

　　基本歸因謬誤（fundamental attribution error）：觀察他人的行為時，人們傾向高估內在或個人性格的影響，而低估了外在環境情形影響行為的作用和力量。

　　群體歸因謬誤（group attribution error）：偏見來自於認為某個群體成員的特性反映著該團體的整體特性，或是傾向認定群體的決策結果反映著成員的偏好，即便有訊息清楚表明並非如此。

　　4. **文化因素**。不同文化有不同的分類，這很常見。危險的是，當研究員積極找出 X 或 Y 的全球性類別時，他會精簡概括或平均化，使得該類別的意義和有效性都被削弱了。

　　分類理所當然的被視為是行銷與市場研究思維的基礎。

　　下一節將討論兩種不同方式，我們將人群、事物、事件和觀察資料分類，並試圖理解我們開始處理差異化問題時所遇到的混亂情況。

　　（1）區隔分群（segmentation）——人與人之間的差

異。

（2）個人的內在差異。


## 對人與人之間的差異分門別類

### 分群思維

1960 年代，我曾任職於南非智威湯遜廣告公司（J. Walter Thompson）的研究部門，那確實是《廣告狂人》（譯註：Mad Men，2007 年開播的美國影集，描述 1960 年代紐約廣告業的蓬勃概況）的年代。我們用來歸類人類行為的人口統計類別多不勝數──ABC1 ／ ABC2、34 歲以下／ 35 歲以上、開普敦／川斯瓦／奧蘭治自由邦、黑人／有色人種／亞洲人／白人、南非語／英語／祖魯語／科薩語（當時南非還在種族隔離政策時期）、男性／女性、已婚／未婚、工作／無業等。從人口統計中找出顯著差異，考驗著我的卡方統計能力，我不得不在沒有科技輔助的環境下進行。當年就和現在一樣，找出不是偶然發生的差異是基本要件。

把人口分成不同群體的做法，仍是現代市場研究很重要的一部分。1969 年問世的「目標群體指數」（target group

index，簡稱 TGI）直到今日依然強勢，這是現行成立時間最長的單一市場和媒體研究。在英國，每年會從具代表性的 2.5 萬名成年人為樣本蒐集訊息，並且每一季會公布一次數據。長達三小時的調查，提出關於消費態度、動機、媒體習慣與購物行為等各類問題。TGI 採用單一來源調查，受訪者必須填完整份問卷，涵蓋所有問題領域，變相可以交叉分析。其他公司也有市場區隔工具，有些是針對特定問題製作，其他則採用現成的解決方案。

1980 年代初期，我與研究企業組織（The Research Business）的夥伴柯琳．萊恩（Colleen Ryan）合寫了一篇論文，發表於布萊頓的 MRS 大會（譯註：MRS 為材料研究學會〔Materials Research Society〕的簡稱，每年秋季舉行國際大會），論文主題為〈廣告比節目好看，對吧？〉。當時是英國廣告業的鼎盛時期（有別於美國的推銷員式廣告），有 Benson & Hedges 香菸、Cadbury's Smash Martians 即時馬鈴薯、Hamlet 雪茄、Mr Kipling 蛋糕等許多廣告。我們在創意發展研究過程中訪談的對象，對廣告表現出不同態度。喜歡的人很多，他們通常也會成為我們招募訪問的對象，儘管刺激的素材很粗糙，但感覺他們「懂得」（訊息和執行潛力），還有另外三種群集的人，一種對廣告抱持懷疑態度，甚至不太相信；另一種很老練，能從廣

告中的煙和鏡子洞悉背後的意圖等等。上述趣聞的重點是，TGI 已經採取這種分群法以及前測量化研究方法一段時間。導致了對當時十分有用的分析，但只是曇花一現。廣告業在 1990 年代經濟衰退後發生變化，這種分群法也就不再適用了。稍後我會再回到這一點。

隨著演算法科技的進步，質化與量化分群法（及混合兩種的方法）也持續成長。如今，透過手機和影片所捕捉的影像以及拍攝的訪談片段，讓分群法重新復活。線上和線下的質化研究方法支持著以統計為基礎的區隔分析。有時量化研究將不同象限的人分群，質化研究則予以闡釋定義，如此可以將管理階層與一個真實的「消費者」形象接合起來。也可能往另一個方向發展——先以質化研究作為類型假設的出發點，後續再採用量化研究的方式測量與驗證。

深度嚴謹的區隔分類法和類型學有所不同，在市場行銷方面歷久不衰而實用可行。

後者更類似於我前面描述過的人的平均值，類型學通常是依據人們聲稱自己對某個類別或品牌的態度，不以實際行為為根據的態度和意見是反覆無常的，它們可以適用於某個特定時間點，或是似乎看起來恆久不變，卻並非如此，因為

當要採取實際行動就改變了。通常態度的區隔法會將人口
（或市場）分成四類或四群。例如，橫軸表示對儲蓄的態度
或意見，縱軸表示信任／不信任的人格變項，或內向／外向
的性格軸線。

有時以態度為基礎的區隔或類型學在建構時是合理的，
不過極難量化，隨著時間被證實是多變的。

這一點會令客戶大失所望，因為他可能投入了大量行銷
費用，相信其中一個區隔分類是有價值的策略，之後卻發現
它經不起後續測量或結果檢驗。這正是我前面所描述的對廣
告態度的四象限分群法會出現的問題。隨著傳播與行銷的整
體環境變化，結果是不穩定的。

這使我認知到，一個穩定、嚴謹、實用的分群法，需要
兩條軸線——行為軸線與態度軸線。

行為軸線必須以事實為基礎，人們做或沒有做某件事；
人們要嘛去過某些有異國情調的地點（具體地點）或沒有去
過；在過去的一年裡面，至少出國兩次或沒有去過。打算到
訪有異國情調的地點或打算一年出國兩次，顯示的都是態度
而非行為，因此，態度軸線會有所不同。人們很可能聲稱自

己假日出遊時喜歡放鬆（海邊、閒著、餐廳、附泳池的精美飯店），或聲稱自己喜歡更真實的體驗（探索、嘗試新的食物、睡在星空下、和當地人共同生活等）。

　　這個洞察導致了我所做過最好的區隔研究解決方案。2000 年初期我們為澳洲旅遊局（Tourism Australia）進行全球研究，並提出了四種適用於不同地理區域可量化的區隔解決方案。當時客戶用這四個區隔分類來針對訊息提出詢問，發現澳洲不同地區對其中一兩個區隔群體的吸引力，比其他群體還大。

　　嚴謹區隔的美妙之處在於，為管理者提供一些架構，透過消費者集合體的簡便方法來陳述，可以幫助人們了解市場的複雜性。最重要的是，它可以幫助設計出符合他們行為態度的產品、服務、傳播方式和品牌。

　　同時也存在缺點，其中部份可以追溯至本章前面描述過的偏見。如果一個區隔解決方案要在公司內部的每個部門使用，並成為準則，那就必須調整至更適合的數據，行銷策略與執行方法無論如何也必須圍繞著這個選定的區隔做設計。只有勇者才會挑戰解決方案——通常是新的行銷總監或首席執行長——並帶來質化研究完全不可能執行的受訪者招募條件。

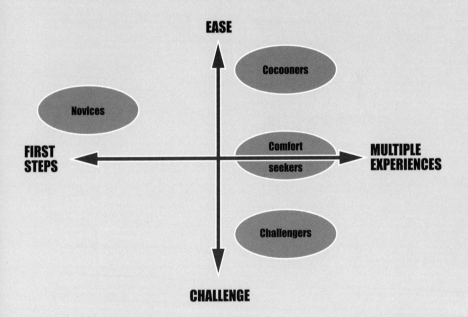

　　我們很容易忘記，量化的區隔結果是統計平均值而不是真實的人。換句話說，要招募到一個符合平均值（由至少十個以上的變項定義）的真人（樣本）是不可能的。

　　現在讓我來介紹一種不同的分類法：觀察一個人對某樣事物 —— 不論是產品類別、品牌／服務、公司實體還是朋友 —— 所展現的不同行為與態度。

## 以人的內在差異進行分類

### 需求狀態思維

　　約莫 1970 年代末，一位資深策略企劃人員遞給我瑪氏食品（Mars）市場研究員凡波特爾（Van Bortel）為 1976 年在阿姆斯特丹的歐洲研討會所寫的論文。我還留著那份古老發黃的影本，但從網路上或行銷／研究資料庫卻找不到任何參考資料。雖然我手中的影本缺失了幾頁，不過，從我把它留在自己的論文資料夾裡這點，顯示出這篇論文對我的思維有著深遠的影響。這篇論文從作者稱為「需求狀態」（need state）思維的背景開始，並清楚說明這不是一種市場研究技術，而是一個檢視市場研究問題和機會的寶貴策略工具。

　　這份論文從區分出需求狀態思維和眾所周知的分群法不同之處開始。早期廣告業所採用的市場行銷與消費者研究的本質是關於按人口統計資料先數人頭以及將人口分類。是誰做了這個？誰做了那個？他們之中有多少人買或不買、用或不用該產品／品牌？人口統計資料是用來理解不同品牌與產品的概況，對廣告商的價值在於能更精確地將電視、平面與廣播觀眾的選擇配對。之後，在分析中加入了其他變項，例如使用習慣（輕度、中度、重度使用者）、社會學因素（生活方式描述）和心理學因素（內向／外向）等。

　　回到凡波特爾和他對於需求狀態思維的熱忱。他對分類法的哪些地方頗有微詞？他一直糾結於「忠誠度」一詞的概念（今日我們依舊如此）。他指出，我們使用了品牌選擇、品牌偏好、品牌轉換、品牌忠誠度等用語，彷彿「消費者與某特定品牌有婚姻關係」。我引述他接下來的說法：

　　「如果我們看見一個消費者同時使用兩個品牌，會將他描述為不忠誠或無區別性，同時我們等待他或她去適應新的品牌偏好。多品牌使用者在數據中被當成了某種反常。」

　　隨後他指出問題癥結，不過這些內容似乎至今仍未獲得研究員、行銷人與組織專業人員的廣泛認同。

　　「事實上，我們是人，不是機器。我們的行為並非一致，我們是反覆無常的、是情緒化的，這一次我們這麼做，下一次卻不見得……結論是，我們必須正視多品牌使用者的身分。」

　　凡波特爾最終發現，通過「走出去，做任何事都不設限並與人們交談」（原文如此），發現自己可以快速產生一連串情緒／場合的描述，例如：「當我充滿活力時」、「當我和朋友在一起時」、「當我靜下來獨自一人」等，然後讓消費者將不同類別的品牌與不同的心情／場合連結起來。

　　奇怪的是，凡波特爾關於多品牌行為的主要洞見，並未在當時瑪氏公司行銷部門（和他們的代理商）以外的地方引起注意。但正如我們今日所見，這種想法對於瑪氏數十年定位其巧克力品牌至關重要。瑪氏巧克力棒從過去到現在，都是能量棒；Galaxy 巧克力是純粹放縱的快樂選擇；Maltesers 巧克力是看電視／電影時的良伴。Rowntrees 糖果公司和其他公司隨即跟進，Kit Kat 巧克力成功地挪用並擁有了消費者需求狀態 —— 你值得休息片刻 —— 在英國使用的廣告語是「休息一下……來條 Kit Kat 巧克力。」

　　直到 1994 年我發表了一篇關於「零售商品牌 —— 九○

年代成功的價值方程式的獲獎論文 —— 需求狀態思維開始越來越受歡迎❸。當我寫論文時，自有品牌（當時是這麼稱呼）正把大廠品牌打得落花流水。我們持續收到客戶的市場研究簡報，要求我們從各方面了解消費者與自有品牌的關係 —— 包裝、價格、品質、價值、服務、專業知識、創新等。這是由許多因素所造成的：前五大超市零售業者主導著市場銷售，並開始將自己看成是製造商，而不僅是製造商的銷售代理，自有品牌的品質大幅提升，消費者開始信任 Sainsbury's 超市的自有品牌，就像信任那些有打廣告的品牌一樣。零售商開發了創新產品，甚至自創類別，而不害怕競爭，零售商自身成為了品牌。最後，以產品、價值與服務為基礎，加強零售商與消費者的關係。當時的重要問題是：大廠品牌和自有品牌如何並存？消費者如何在知名品牌和自有品牌間做出選擇？

在我寫這篇論文的當下，我用「當我在 _____ 我是 _____」來說明為什麼人們既非「忠於品牌」，也非「照單全收」，雖然拙於表達，但也容易拿來解釋需求狀態。有許多類別適用於需求狀態，特別是快速消費品的組成應用。拿優格來說，拜訪英國每一個有吃優格的家庭，你可能會在冰箱同時發現不同品牌／產品的優格 —— 有時多達四至五種。人們認為每一種選擇來自於不同的價值 —— 從最貴到最

便宜的產品可以在冰箱裡並排（請參考下圖）。

　　需求狀態可以更加優雅的定義：複雜的觸發網路——內部和外部——影響選擇。我們在「洞察地圖一」討論過，這些觸發點可能混合著系統一與系統二的處理過程，受潛意識的生理／神經系統、下意識促發與上意識引發所影響。

### 次自我思維

　　2013 年心理學家道格拉斯・肯瑞克（Douglas T. Kenrick）與商學教授弗拉達斯・格里斯克維西斯（Vladas Griskevicius）合著出版《理性動物》（Rational Animal，中譯本書名：《誰說人類不理性？基因演化比我們想得更聰明》），以下是某則書評：

　　「把我們的現代行為與人類祖先思維連結起來，會顯示出我們在看似愚蠢的傾向底下（這裡指行為偏見），是一個異常明智的決策系統。從投資金錢到選擇工作，從買車到選伴侶，我們的選擇都受根深蒂固的演化目標所驅使。我們每個人都身負多個演化目標，雖然新的研究揭露了某些事情根本性的變化——<u>不只一個『你』在做決定</u>。雖然在你的腦中只有一個『自我』，但你的心智其實包含著幾個不同的次自我（sub-self），輪到這些次自我轉向控制時，每個都在引

**The-me-that-I-am-when...**
With yoghurt

**The-me-that-I-am-when**
**Starting a diet...**
Has Weightwatchers

**The-me-that-I-am-when**
**thinking about packed lunches...**
has Sainsbury's single pot

variety pack

**The-me-that-I-am-when**
**Planning the dinner menu**
**For Saturday night...**
Has Rachel's Organic yoghurt

**The-me-that-I-am-when**
**Rushing round the supermarket**
**Doing the big weekly shop...**
has Sainsbury's basics 500g

Natural yoghurt

導著你往不同方向。《理性動物》這本書會改變你對做決策的想法❹。」

當我讀到作者們相信自己透過新研究發現事情根本性的變化，也就是「『你』其實不只一個」的描述時，露出了苦笑。早在 1970 年代，凡波特爾與許多不知名的研究員就發現了這個事實，正如我上文所述。

讓我們在此先定義演化心理學：

「一種心理學研究方法，將心理特徵和行為視為演化過程中有利的功能適應（而不是就文化對行為的影響）」──《牛津英語辭典》

也就是說，做決策這件事提供了更深層的演化目標，所以是聰明而具有適應性的，而非「不理智」或「不合邏輯」的。人並不是只有一個總體目標 ── 利益最大化和經濟效用 ── 而是有幾個目標，再依照整體環境決定行為。他們的論點是，不是單一個「自我」在操縱行為，而是取決於環境背景不同的好幾個自我會對行為產生影響。

讓我來總結一下，作者認為可以解釋人類行為的次自

我。其中，喬安娜·克里扎諾絲卡（Joanna Chrzanowska）做過大量關於這個模型的思考，下一段描述便廣泛地倚重她正在進行的研究❺。

　　總共有七個次自我：

　　**自我保護**：最初來自於要面對敵對團體和動物的保護需要。如今，防範恐怖攻擊、蛇、失敗、暴力、羞辱、嘲笑和拒絕等（這裡僅舉幾例），是具體形成的威脅。

　　**尋求地位**：最初具備優勢的個體能獲得更好的配偶和優質食物來源，進而確保整個群體的適存性。時至今日，地位尋求以許多不同的方式表現出來，雖然最終目標仍是為獲得更好的事物——如配偶、食物、住房等等。

　　**避免疾病**：一開始是出自於預防寄生蟲、病原體、食物、瘟疫等疾病等的保護需求所驅動。如今則牽涉到對各種「傳染病」的恐懼，例如：禽流感以及拒絕陌生性行為和不合常規的個人舉動。

　　**親屬關懷**：人類嬰兒與在充分發揮社會作用之前，往往需要很長一段時間的照顧和教育。今日這點體現在今日的家

庭義務和網路、代理父母如日間托兒所和保姆、家族企業等方面。

**獲得配偶**：尋找完美的伴侶（最初是由基因驅使的行為）至今仍是生活的一部分。儘管彼此存在文化差異，人們仍然在尋找一段讓成年人蓬勃發展、孩子平安長大的穩定關係。

**保有配偶**：這是上述的其中一個版本。是關於與重要的其他人維繫長期關係，即使會有很多人，但並不涉及孩子。

**結盟關係**：這可以從人類合作中找到起源。直到人類家族團體開始和大型附屬團體中的其他人合作時，猛瑪象才滅絕（哈拉瑞在《人類大歷史》中的說法）❻。無論是面對面還是透過網路交流，會形成合作行為 —— 但不利的一面是，我們從世界對「異己」（移民族群、穆斯林、猶太教正統派等）的霸凌態度得知，這最終導致了戰爭、操縱與背叛。

次自我的概念在真實世界中是什麼樣子？假設我以吃早餐的行為來訪問我的丈夫，次自我想法會像這樣運作：他使用價值一百英鎊的 NutriBullet 食物調理機把奇亞籽、枸杞、螺旋藻、菇粉、羽衣甘藍打成蔬果昔當作早餐，卻選擇炒蛋給其他人。調理機的決定可能是「尋求地位」或「避免疾病」

的表現。他定期會給我一杯他的蔬果昔 ── 我戲稱這杯是「什麼都有的池塘」── 這可能是一種「保有配偶」的表現。

多重自我的架構與需求狀態思維非常相似。兩者都是依賴整體環境，兩者都是內在（情感、生理／神經需求）和外在影響（時間、地點、空間）共同作用產生的結果，對於了解社會和文化在選擇時造成的影響特別有用。當研究目的涉及理解品牌庫、品牌成長／受歡迎程度、品牌衰落和品牌定位等各方面闡述時，兩者都非常有幫助。

## 差異的關鍵原則

研究員與最終研究結果的使用者可以自行選擇要使用哪一種分群法。目前有許多不同的量化、質化與混合區隔研究方法可供運用，這些方法分別聚焦於決策過程的不同要素，有些側重於群體之間的差異（並經常忽略重複的部分），有些則著重於個人的內在差異，並將其過度延伸至更廣泛的群體中，有些則熱衷於品牌區隔研究而非把人分群的概念（例如：品牌原型區隔）。

全球主要的市場研究機構已經為他們的區隔研究方法註

冊商標。無論是在泰國或是在英國，無論是洗髮精還是威士忌，他們提供了一致的方法。規模較小的機構和顧問公司則傾向依據市場、品牌、議題等來量身設計研究方法。到頭來還是各盡其所能的老生常談。

　　帶你走過我在思考多元性、差異性以及相似性的旅程之後，對我而言，有一些非常顯而易見的關鍵原則：

　　**1. 要注意「把人混在一起得到平均值」與「選出一人來代表整個類別或分群」的不同。**

　　在**第一種情況**下，所描繪出的形象沒有任何一個人可以完全符合研究，因為其中包含了許多不同變項與特性的平均值，分群成員與家族成員相似，但沒有完全相同的。這會導致招募調查對象的困難，在招募受訪者的時候也容易期望落空，例如：「Ａ女士不符合這個分群，可以保留或把她換掉嗎？」

　　在**第二種情況**下，選出一個人來代表一個類別或分群，會增加刻板印象的風險，更糟的甚至會將範例硬套進未被嚴格定義的分群中。

2. 認知偏見（思維錯覺）就像埋著的地雷一樣，可以透過提高覺察和加強監督來避免影響。我的意思是，當選擇性認知或歸因謬誤發生時，兩個研究員同時進行差異／多樣性的研究，將會比起一個人獨自作業更加能夠檢查並詢問出解決方案。

3. 為了建立一個穩定而嚴謹的區隔解決方案，尋找一個行為軸線來補足態度／心理軸線必不可少。兩條態度軸線會造成一個可能在研究中不一致的分群，當行銷策略被證明不起作用時很容易遭受質疑。

4. 以需求狀態思維來解釋多品牌使用，是一個用來了解組合和開發產品、服務或品牌定位的寶貴方法。

5. 一拿到研究簡報，先點出「偏好、忠誠度、混用、轉變、轉換」等態度用語，深呼吸並細想如何將其轉譯成行為，唯有如此你才能開始思考如何去理解差異。

**參考資料：**

1. Schreiber, Flora. Sybil. Washington DC: Regnery Publishing, 1973.
2. Baker, Susan. "Market Segmentation and Positioning." Cranfield School of Management. Management Quarterly, April 2000.
3. Gordon, Wendy. "Retailer brands – the value equation for success in the 90s." Journal of the Market Research Society 36, no. 3 (1994).
4. "The Rational Animal" , Amazon.co.uk. Amazon. Http://www.amazon.co.uk/Rational-Animal-Kenrick/dp/0465032427
5. Joanna Chrzanowska http://www.qualitativemind.com
6. Harari, Yuval. Sapiens: A Brief History of Humankind. New York: Harper, 2014.

CHAPTER 3

好
感

「我多想討人喜歡啊，這樣大費周章地取悅別人！」
──威廉·華茲華斯（William Wordsworth）
給妹妹桃樂西·華茲華斯（Dorothy Wordsworth）的信，1821 年 1 月 8 日

## 起始點

　　記得有一回，我陷入「直覺好感」的現象之中。當時，我正為公司面試年輕研究員。一名年輕男子走進來，我幾乎立刻就對他產生好感。面談過程中，我發現自己對他態度和善，並信任自己的感受。結果除了我以外卻沒有人有相同的感受。調查他的推薦函之後，我們發現他完全不適合這份工作，也不值得信賴。有一種捷思法（思考的捷徑）稱為「代表性捷思法」（representative heuristic），我可能透過某種已知的比較，計算過他討人喜歡又適合這間公司的機率，因為他有點像我過去認識的一位同事。但在面談過程中我卻沒有想起這段關係。

　　人們直覺相信喜歡一個人或活動是「好事」。通常這意味著你希望花更多時間與你喜歡的人共處。你們對彼此有感情上的聯結，和跟你志趣相投的人相處，讓你覺得花的時間跟心力都很值得。直觀來說，好感意味著享受，於是它會轉化成一種鼓勵更多有益經驗的行為。反面來說，厭惡一個人或活動通常導致有意識或無意識的迴避行為。

　　我們也從生活經驗得知，好感未必總會轉化成相應的行為。我喜歡吃烤蘋果奶酥，但我能想出不去烘焙或吃烤蘋果

奶酥的諸多理由。我喜歡我的朋友珍，但我們卻不常見面，這是為什麼呢？

多虧神經科學與行為經濟學的進步，加上英美廣告銷售效率的縱向分析，如今我們能更可靠的掌握「好感」（liking）以及它在傳播領域發展的角色了。

好感是一個細緻微妙的概念，無法從表面輕易掌握意涵；好感也是令人迷惑的概念，誘導我們誤判。

1980年代，我們在研究企業組織（The Research Business）開發了一種質化──量化的消費者族群調查前測法，囊括許多開放性問題並採用投射技巧。與當時其他系統相較下，尤其是明略行公司（Millward Brown）的「認知指數」（Awareness Index，簡稱 AI）和其他商標黑箱前測，我們選擇踏上一條冒險的道路，因為沒有標準值可供比較結果，也沒有放入一般好感／惡感的問題。我們相信這些問題無法導向對核心創意概念的喜好，反而只會突顯無關的執行細節。我們對量化前測所採取的質化觀點是：對於反應的解讀應該是全面性的，也就是說，一個人對所有問題的整體反應，就和他對每個問題的單獨回答同等重要。

　　當年的某個聖誕節前夕，我為一份以 350 份樣本為根據的調查結果進行報告。令人失望的是，結果非常不清楚，行銷總監也非常不悅，因為我們之中沒有一個人能做出有信心的決策，判斷這個創意是否該進入拍攝及製作。我們對調查的結果進行爭論，包含回想、第一直覺反應、主要訊息與次要訊息的傳達、理解、品牌聯想等，但遲遲無法決定為這個廣告可行與否。最後，為了幫客戶準備假期後即將召開的會議，我提議由我（以質化研究員的身分）進行全面的整理，為中性答案的正負面含意進行側寫，用以提供額外證據。換句話說，分析這個創意是受人喜歡（用什麼方式喜歡）、被人厭惡（如何表達出來），還是人們對它根本沒有任何強烈感覺。我從來沒有度過這麼緊繃的聖誕節，要在短短幾天內完成這件異常艱鉅的任務。後來，我成功提出了有助決策的答案，但再也沒有從那位客戶手中獲得新案子了。

　　因此，我總是對「好感」與「惡感」在研究傳播領域中的真正意涵感到一定程度的緊張。它重要嗎？它是個難以解決的問題嗎？測量情感的最佳方法是什麼？不過，在我的內心深處，我依然相信溝通若能帶來一絲溫暖、甚至一抹微笑，這肯定比一臉漠然的反應來得好。

## 好感是關於什麼？

　　了解好感與惡感（市場調查語言中的正面與負面反應）對許多研究專案來說十分重要。

　　畢竟，我們經常直接地詢問人們對於 X 或 Y 的意見，用來幫助品牌或企業發展傳播活動、改善產品及服務。意見通常可分為正面或負面。人們當然會搪塞，但根據若干因素影響，例如經驗、資訊及他人的看法等，人們的意見最終通常會落在正面或負面的一方。

　　在這個章節之中，我決定聚焦於廣告傳播發展中的「好感」，它是一個難以掌握的概念，質化研究仍然是創意發想初期的首選方法，其目標可能是探索其他概念的可能性（策略方向），或是探討表達同一個概念的不同方式（執行面）。廣告代理商與行銷品牌團隊的最終目標是為自己與其他利害關係人確保傳播活動能成功。可以用幾種不同的方式定義成功：潛在銷量提升、競爭優勢、易記性、強化品牌形象以及其他對於有效性的暫時衡量指標。

　　在研究的時候，只要聽到「我喜歡它」這個關鍵詞，我就會默默地鬆一口氣。當我聽見笑聲頻頻從我後方的觀察室

傳來，行銷與廣告團隊的集體緊張感也會突然舒緩下來，但很顯然地，反之亦然。當反應為強烈的反感時，我會覺得挫折，為了準備面對受訪者與行銷團隊兩邊所帶來的挑戰，我開始埋頭解讀那個反應中的根本動力。

　　我在本章的意圖探討何謂好感、它的作用為何、如何運作以及它是否可以被解讀為「渴望」（wanting）—— 也就是實際的銷量。我特意選擇將好感的探討緊扣著傳播發展。這涵蓋所有傳播形式 —— 例如品牌識別、平面廣告、電視、網頁設計、戶外廣告以及其他任何品牌傳播的形式。

## 這不是關於什麼？

　　以下三大主題的複雜度超出本章範疇，因此不會觸及。第一個是「品牌好感度」，它可以細分為好幾個不同的概念，例如「品牌關係」、「品牌喜好度」、「品牌投入度」、「品牌忠誠度」、「品牌上癮度」、「品牌親密度」、「品牌溫度」等更多概念。第二個主題為「廣告如何運作」。關於這個部分，我想不到有哪兩個作者的作品比保羅・費爾德威克（Paul Feldwick）與羅伯特・希斯（Robert Heath）的著作更值得一讀。他們兩位將生涯致力於蒐集廣告運作

的相關佐證，並據此發展更佳的前測與追蹤規程，我也將兩人的最新著作列入了最後的推薦書單中。第三大主題則是 Facebook 或 Instagram 的「讚」，社群媒體的相關專家對這個領域有專精的研究。

## 當心好感陷阱

在 1980 年代中期，廣告測試達到了巔峰。常見的質化廣告測試會經歷三個階段——策略、創意與執行——隨後是量化前測。質化研究的部分往往包括為每個階段舉行六場團體座談會——如果各階段出現重大問題，那就可能進行更多座談會預做防範。策略企劃人員與研究人員會密切合作，為廣告活動的各發展階段做出「最好的」測試素材，如模擬廣告而做的插畫腳本。但如同今日，測試素材的完整度始終面臨創意與廣告成品、預算與時間的折衷妥協。

基於兩個原因，我要和你們分享一個質化與量化創意發展的故事。第一，是為了強調一些歷史背景，讓大家了解當觀察室還沒從美國引進英國，數位科技也尚未改變質化研究型態之前，創意發展究竟是如何執行的；第二，則是要解釋「好感」的陷阱。我自己與行銷總監客戶都曾深陷其中。

　　1982 ～ 1983 年，我開始進行「速沖」（Quickbrew）這個茶飲品牌客戶的行銷活動發展工作。這個人們不熟悉的小品牌在名字裡隱含著矛盾，因為歷來的文化普遍認為泡茶需要時間。

　　如同先前所提到的，許多人相信 1980 年代是英國電視廣告的全盛時期。布魯克邦德公司（Brooke Bond）PG Tips 茶葉品牌推出的黑猩猩廣告大受歡迎，人們談到「廣告比節目還要精彩」時經常用這來當作例子。該系列廣告以喝茶的黑猩猩一家為主角，牠們都穿得人模人樣，從 1956 年開始幾乎不間斷地放送。當我開始為速沖工作時，PG Tips 茶已經是英國最受歡迎的茶葉品牌了，就競爭層面來說，泰特萊（Tetley）是沙場老手，早從 1973 年便展開行銷活動，其系列廣告是以一群泰特萊茶人（Tetley tea folk）的卡通人物為主角，廣受北方女性歡迎。這系列廣告結合了動畫以及實拍茶包和茶具的圖片。當我問到「你記得哪個茶葉廣告？」時，人們都會立刻想到這兩個廣告。

　　速沖和它的廣告商羅伊茨公司（Royds）策劃的行銷活動取材了《每日快報》（Daily Express）從 1945 年起連載的系列漫畫，主角是翟里斯大家庭（Giles family）。家長「奶奶」是翟里斯大家庭中最有趣的成員，她是個很難相處

但意志堅定的老太太，也成為了這個茶葉品牌的廣告主角與品牌代言人。

　　負責這項行銷活動的行銷總監是一位質化研究的信奉者，但也是研究過程中的棘手人物。他堅持親耳聆聽（透過連接至招募人員家中另一個房間的聲源線）人們的第一手反應，所以他六人左右的行銷團隊會陪著他參加每一場訪談。他也堅持要我主持每一場焦點團體座談會（不能夠多人共同主持，也不能和別的主持人分場次主持），並且遵照相同的討論大綱不得偏題，如果我沒有按往常的方向追問重點或換個方式問問題，他就會斥責我。我在四支上市廣告和後續行銷活動的發展過程中，總共主持了八十六場團體座談會，其後該公司做出了不同的品牌決策，我的參與也就此告終。

## 好感是比較性建構

　　有一幕畫面深刻在我的腦海中。當我在最初的一組「速沖」廣告測試座談會後，上樓休息時，看見兩個大男人頹喪地坐在鋪著燭芯紗盤花床單的雙人床上，其他四人表情狼狽的坐在地板上比對筆記。「怎麼了？」我問道。「他們不喜歡」客戶說。「奶奶不像先前的活動中那樣有趣。我們得回頭找

廣告代理商談談。」無論我如何極力反駁這種觀點，説明其品牌形象、傳播、主要訊息的回想、品牌聯想等都毫無問題，這種不喜歡只是針對測試素材，但他聽到受訪者説他們不喜歡那支廣告，對他來説就是致命一擊。

量化前測時，好感帶來了更多麻煩。我在進行簡報時信心滿滿地陳述結果，以為一切順利，我向客戶報告有 40% 的樣本回應「廣告中有沒有你特別喜歡的部分？」這個問題時提到了「喜歡」，只有 16% 的人提到有特別不喜歡的部分。我以為大功告成了，結果卻不然。客戶勃然大怒，那沒有特別喜歡哪個部分的那 60% 的人呢？我知不知道他們不特別喜愛的原因？我答不出來。

直到寫這一章時，我才明白行為經濟學對我了解自己為何陷入困境，有很大的幫助。大多數受訪者給的評價都是基於迅速、不費力的比較以及系統一的直覺反應，但這些評價當中經常隱含著一個受訪心中的參考點：是和另一樣事物做比較，那樣的事物稱之為「錨點」。在這個故事中，受訪者以直覺進行了比較的判斷而不是絕對的判斷。翟里斯的宣傳活動所引起的好感度比 PG Tips 的黑猩猩和泰特萊的茶人還低，他們也比較喜歡其他品牌的廣告，例如歐克速（Oxo）的歐克速家族廣告、吉百利的奶盤人、琴夏洛（Cinzano）

的雷納德・洛塞特（Leonard Rossiter）與瓊・考琳絲（Joan Collins）和其他很多廣告；另一方面，我的客戶則將好感的錨點放在「速沖」內部裡的其他廣告上，消費者則以不同標準來衡量好感。

這個故事的寓意在於，直接詢問別人喜不喜歡是很危險的，如此一來，受訪者就必須反思、考慮、自我辯解或解釋。這是一道系統二問題，不是一則廣告能否引起「情感」反應與投入的問題。

作為這段職涯的最後註解，我下了一個結論，我認為在受訪者報到處的「美好往日」對我們這些老一輩的研究員來說可不是記憶中的那樣美好，尤其對想深入了解人們會不會購買其產品／服務的行銷團隊來說更是如此。儘管今日的觀察室也面臨著不同的問題──言語消毒與臨場過程、偶爾出現在觀察室單面鏡後的惡行、情境的真空等──但觀察者的經驗比較有斬獲，環境與技術也比較可預測，因此對研究員來說比較不再令人焦慮了。

專業上，速沖的經驗讓我倍受挫折，過去我相信（如今也是）研究員與策略企劃人員有責任了解消費者的正負面反應變化，為創意發展研究帶來進步。所幸，1980 年代的許

多英美策略企劃人員與研究員也有興趣探索這個議題,熱烈地展開關於好感的辯論。

## 好感是複合性建構

1990 年,亞歷山大・貝爾(Alexander Biel)在《廣告地圖》(Admap)發表了名為〈愛廣告,買產品?〉的論文❶,目的是為廣告研究基金會(Advertising Research Foundation,簡稱 ARF)極受爭議的文案效度研究結果增添進一步的證據❷。ARF 的前測宏觀研究,出人意表地下了結論表示,相較於回想、理解、說服、溝通與當時的其他測量法,一支廣告的好感度是預測銷售「效能」的最佳指標。貝爾的著作建立於對黃金時段廣告的量化與鑑別分析,導論出好感度是一個由五種主要因素組成的複雜概念:

1. **精巧**:巧妙、有想像力、有原創性、搞笑、不乏味。
2. **有意義**:值得記得、增長見聞、相關的、可信的。
3. **有活力**:活潑、步調快、不斷變化的。
4. **溫暖**:溫柔、敏感。
5. **不惹人厭**:不老套、不煩人或不做作。

　　ARF 的研究引起激烈討論的原因在於，它公然挑戰了大型研究公司多數的前測與追蹤測量系統，其中許多是建立在注意力、回想與溝通等因素上。如果真要測量，好感（與惡感）並不被認為是重要因素，也從未建立過任何標準模式。

　　貝爾的第五個因素（不煩人）也受到質疑。「吸塵樂」（Shake 'n Vac）1980 年代的廣告呈現女演員穿著高跟鞋在典型的英國客廳跳舞，把吸塵樂的粉末灑在地毯上後吸乾淨，嘴上則哼著 1950 年代風格的搖滾歌曲。主歌詞「使用吸塵樂，清新地毯回來了」琅琅上口。許多人們喜歡討論他們有多痛恨、多厭惡這支廣告，然而它卻很有效。保費比較網站「GoCompare」的廣告則是比較當代的例子，主角是一個留著蠢鬍子、樂呵呵的傢伙，他用搞笑歌劇腔調唱的歌曲會在你腦海裡縈繞，揮之不去。

　　儘管還有許多美國廣告的例子，貝爾將好感度總結為思維處理的「看門人」。他引用當時還未進入主流行銷與研究界的神經科學與認知心理學理論，主張獲得觀眾好感的廣告不會被轉台或迴避而拒在門外，不論這種抗拒是出自意識或潛意識的行為。

　　「消費者對廣告形成的整體印象是本能或『直覺』的。

這種印象若是正面的，他們就有可能更充分進一步處理完一整支廣告。」

貝爾提出假設，認為這種「進一步處理」會在幾種情況下發生：

在品牌差異化不大的產品類別中，廣告具有鮮明的品牌個性屬性 —— 例如：萬寶路（Marlboro）的吸菸男、皇冠（Andrex）的小狗、霍夫邁斯特（Hofmeister）的熊；我們的年代則有 EDF 能源公司（EDF Energy）的金吉（Zingy）、comparethemarket.com 的狐獴等。這些廣告的年代涵蓋 1950 年代至今。

月暈效應（Halo effect）發揮作用：正面感受從廣告轉移到品牌上。

共同作者：受人喜歡的廣告會牽涉到消費者的心智協作。貝爾提到他與傑瑞米・布摩爾（Jeremy Bullmore，貝爾描述他是廣告界最有才氣的人，當之無愧）的對話：

「他指出，如果一支廣告除了傳遞訊息也引出消費者的貢獻，效果將會更好。消費者從觀察者、甚至可能是反對方，

變成了幫手或布摩爾口中的協力作者。❸」

　　本書先前提過的倫敦大學神經美學教授塞莫‧薩基（Semir Zeki）❹ 所做的研究為貝爾的好感度因素分析提供了更多支持。薩基研究我們欣賞美麗的事物、藝術品與經驗時的神經活動，包括感知的運作，也就是對我們所見、所感受到的經驗（仰慕、享受、尊敬、欣賞等）的解讀。他提出的關鍵要點之一是，藝術欣賞往往取決於曖昧性，這種曖昧性被他定義為觀賞者可能各自解讀的真實（從神經學觀點來說），觀賞者必須將自己放入事件才能產生意義，於是也產生了情感的力量。

　　或許（再強調一次，我是說或許）這是對某些電視或平面廣告產生好感的基礎：對於意義的解讀含有多種可能性？因此，當貝爾描述「精巧」（巧妙、有想像力、有原創性的意思）和「有意義」（切合時代等）這些因素時，他或許也觀察到了類似薩基從神經美學提出觀點的過程。

　　貝爾的研究是我和同事們這數十年來進行傳播發展的忠實夥伴。我們創造出探測系統 ——「好感」反應的簡單投射方法，並運用貝爾所提出的五種因素做為探索好惡感並向品牌與行銷團隊說明的地圖。

## 好感及其與行為的關係

　　「你可能特別喜歡某支廣告」這件事，和「渴望」這支廣告所傳達的物品而就此買下／接納它（即採取相應行動），是同一件事嗎？

　　近年來，神經科學家正在探索好感（liking）與渴望（wanting）的腦部活動有何不同。首先的要點是，你得明白好感與渴望能夠使用不同的角度理解——認知觀點與神經化學觀點。

　　在認知層次，渴望近似好感，兩者都牽涉到對一個目標或報償的清晰想法與感受。你知道自己喜歡什麼、你知道自己想要什麼，也能夠明白地說出原因。兩種欲望都是由對過往回憶的樂趣以及未來期望的報償（基於某些類似或可比較的經驗）所引導。

　　非認知性的渴望被神經科學家與心理學家稱作「誘因顯著性」（incentive salience），和我們平常所認識的渴望與好感位於不同的數量級。誘因顯著性不需認知能力，也不必透過有意識的體驗而形成渴望，它在腦中產生的部位與認知渴望的部位不同，由不同的神經化學觸發器（多巴胺）所

驅動，而且不須仰賴更高層級的皮質系統。誘因顯著性可以在日常生活中觀察到，因為對它針對的刺激物來說，誘因顯著性就是個動機磁鐵，時常能引起強烈的慾望高峰。舉例來說，食物香味或許會讓你飢腸轆轆，但如果有人在你聞到香味前幾分鐘問你餓不餓，你可能會說不餓，看見甜點（我的話是起士）推車會讓我所有想抗拒的念頭瞬間煙消雲散。多數人幾乎無法忽視手機收到電子郵件或訊息時發出的聲音，我們也能發現人們有反覆且無意識地查看臉書或 Instagram 的行為。

這種渴望近似誘惑，更極端的例子便是成癮。無視意識的控制，它運作於理智之外。這解釋了旁人看來不合邏輯和瘋狂行為，例如對購物、蒐藏、運動、賭博、食物、性愛、酒精和藥物的上癮。

所以，對腦部科學的了解又與市場研究有什麼關聯呢？

認知好感與渴望（直接詢問人們他們喜歡或不喜歡什麼、想要或不想要什麼所得到的答案）非常不同於身體渴望（具體表現的或神經的）。後者運作於理智及意識控制之外，但可以從人們的行為舉止和／或其非言詞的表現觀察到，例如：親切、逗樂、投入、活躍、甚至惱怒等。

　　令人們衝動購物的商品有許多種 —— 化妝品、盥洗用品、巧克力、零食等許多種類,但被問到「為什麼要買?」時,人們往往困惑不已地回答 —— 例如「我就是想買」或「我也不清楚」。衝動購物可能比較接近非認知領域的好感,因此不容易從直接提問來理解。

　　解釋這個區別的重點在於拓展我們對行為的理解。就認知好感來說,我們或許想探索與過去、現在或未來的關聯,尋找錨點與比較點,而不是直接詢問「為什麼?」。至於非認知渴望如上癮和衝動行為,聚焦於誘因的情境比較有益於理解發生的行為、這個行為是何時或如何發生的。

## 創意與效能

　　勒斯 · 畢涅(Les Binet)與彼得 · 菲爾德(Peter Field)在 2012 年思考箱(Thinkbox)研討會的主題演講樂觀地啟發了我。❺ 他們運用企業效能度量指標(例如:長期品牌成長與獲利能力)檢視過去三十年來的「IPA 效能」數據(IPA Effectiveness)。IPA 是英國廣告業協會「Institute of Practitioners in Advertising」的簡稱,其每兩年一度的「IPA 實效獎」及相關活動為英國廣告業盛事)。演講剛

開始，他們就做出令人震驚（至少對我來說）的陳述，指出在一千個案例研究中，僅有極少數公司把「硬性」的企業效能測量法設為行銷活動的目標，而不是傾向「軟性」的傳播效果中介測量法，例如銷售與利潤率 vs. 品牌形象轉變，或是購買考量五點量表。

他們的「硬」數據很有說服力，因為只有嚴謹分析與解讀的大數據才能令人如此信服，或許這種後設分析終能說服行銷與廣告專業人士，有確鑿的證據顯示，那些容易測量的程序（例如：回想、意識注意力、短期內容回饋與「即時」測度等）無法做為一個行銷有效性的評估指引。希斯與費爾德威、馬克‧厄爾斯（Mark Earls）、約翰 基潤（John Kearon）、羅瑞‧蘇瑟蘭（Rory Sutherland）等傳播研究專家在重要平台上頻頻力呼，這些三十年來的案例研究要點證明了：情感投入的重要性；建立情感品牌是獲利關鍵；以及長期而言，情感比理性訊息更有力。更棒的是「創意是獲得名聲與情感的關鍵。創意能讓你的錢滾上十倍之多。」❻甚至社交貨幣（social currency，例如口碑與聲譽）也被同意是衡量長期獲利能力的指標。

因此，身為質化研究員，我自然而然得出兩個結論：

最有效的兩個長期行銷策略，一是名聲，一是情感投入。

即使是創意發展的初期，點子才剛成形，很早便能看出情感投入的跡象與聲名大噪的潛力。質化工具能偵測出情感投入的最初跡象──例如，運用非言詞刺激如溫度計或微笑量表來評估人們對一個點子的情感傾向。我們在田野調查中能觀察到人們興奮的程度、運用哪些心裡想到的比喻與故事、用什麼語言風格來回應點子等，生動而積極的語言表示其情感投入程度較高。

對我來說，創意與好感的各面向是有所重疊的。行銷活動（例如廣告、事件、手段、策略等）若受人喜歡，人們就會用正面的方式談論它。有時行銷活動可能令人不解（曖昧）、甚至惱人（GoCompare 的行銷活動），但因為帶有情感能量所以引人入勝，真希望當初我為速沖工作時，對這一切都有所認識了。


**好感的關鍵原則**

執行質化研究五十多年來，我獲得一個肯定的結論：對好感具備當代且有見識的認知，是任何一位策略企劃人員或

研究員必備的能力，如此才能為行銷或組織客戶提出專業建議。

　　我們必須謹記以下幾個關鍵原則：

　　1. **好感永遠是一種比較。**因此無論是質化調查或量化調查，都必須讓問題的回答者明確知道在比較什麼。如果未明確告知，人們回答問題後，研究員就必須予以探索。

　　2. **好感是複合而複雜的概念。**研究員及相關策略企劃人員或市場研究經理，都必須謹記好感的不同方面（依貝爾所描述的），才能將這些面向納入創意發展的情境中仔細探討。

　　3. **認知好感會讓受訪者經過思量與事後合理化才作出回答**，例如直接詢問人們喜歡一個事物的程度多寡。另一部份則是，非認知好感的領域包含了情感投入與名聲潛力，運作於意識思考之外。

　　4. **好感是可以測量的情感反應。**今日已經能用新的量化與質化方法來了解並測量非認知好感了，例如：內隱聯想測驗（implicit association tests，縮寫為 IAT）、臉部表情量表、投射技術如溫度計，以及為創意工作進行簡短、敏銳

而自發的個人訪談（而非標準的座談會討論）等方法。當然這些方法各有所長，但也有新方法能探索人們對新型行銷活動與其傳播方式的反應。

5. **有些「老方法」也依舊管用。**人們描述某樣事物時的肢體語言與用字遣詞時常會透露出端倪。當座談會整個靜默下來，或人們客氣地表示「不錯」、「蠻好」、「不壞」時，那就代表這樣行不通或有危險了。

6. **判斷行銷活動的潛在效能時，應避免以回想、主訊息溝通、理解、品牌聯想與（認知）好感／惡感等中介測量法為基礎，**那很容易讓大家以為一切順利，但長久下來的銷售表現會讓一切真相大白。

## 參考資料

1. Biel, Alexander L. Love the ad. Buy the product? Why liking the advertising and preferring the brand aren't such strange bedfellows after all. Admap, September 1990

2. Haley, Russell I. "The ARF copy research validity project." ARF 36th Annual Conference, April 2,3,4, 1990

3. Biel. Love the ad. Buy the product?

4. Zeki, Semir. "Is advertising art?" AQR In Depth, Autumn 2016. http://eepurl.com/bMrTAn

5. Binet, Les and Peter Field. Keynote speech, Thinkbox Seminar, 2012. https://www.thinkbox.tv/Research/Thinkbox-research/The-Long-and-Short-of-it

6. Binet, Les and Peter Field. "The Long and the Short of It. Balancing Short and Long-Term Marketing Strategies." IPA, July 2015.

CHAPTER 4

為什麼我們的行為是這樣？

「在人人都只有一條腿的村落，有兩條腿的人如果識時務，
就要跳得比其他人更瘸。」——伊德里斯・夏（Idries Shah），
《了解世道：蘇非派傳統的實用哲學》（*Knowing How to Know: A
Practical Philosophy in the Sufi Tradition*）

## 起始點

對於消費者態度和行為研究向來是市場調查公司服務的主要基礎。在網站上快速搜尋後會發現，這類研究 —— 通常稱作 U&As 研究（Usage and Attitude studies，消費者行為與態度研究）—— 從 1960 年代我剛進入研究生涯時到目前為止都很常見。

無論是質化研究還是量化研究，做 U&As 時我總是很緊張。當然，我自己的態度（疑心）是來自當年我在南非的第一份市場調查研究工作中以直接欺騙的經驗形成的。我現在已無法回想起研究主題了，但明確記得樣本很大（橫跨各種族群、地區、性別、收入），調查問卷很長。在電腦尚未普及的時代，問題的答案都要打進卡片（每張卡片有 80 欄，每欄 0-9 個孔，通常會用到兩張），再將卡片放進判讀機 —— 一台發出嘈雜聲的巨大機器，可以計算卡片上的洞。我的角色是運作機器，寫下計算數量，然後將問卷上每個封閉式問題的答案換算成百分比。

有一天，我的老闆要我大量複製卡片，當我問他原因，他解釋說我們必須加權（weighting）目前的樣本，因為那些問卷不能「完全地」代表人口結構。這件事情持續了好幾

天，我被要求在週末重新加工處理，同時不要對外聲張。我對此感到不安，也不太明白為什麼必須複製這麼多卡片，然後將它們當成個別完成的訪談來計算，把數據給客戶時，也不提及（所謂的）「加權」動作。顯然地，那樣行不通，因為幾天後，我的老闆被即刻解僱了。總經理把我叫進他們辦公室，進一步解釋我們實際完成的訪談數量比我們自己承諾要做的少太多了，而加權處理是不誠實的行為。他說，依據性別或年齡等變項進行加權是可以接受的，但不能把所有樣本乘以兩或三倍，彷彿他們是不同的調查對象一樣。

## 態度與行為是關於什麼？

本章探討了關於人類行為的大哉問。為什麼人類會做出我們所做的那些事？為什麼我們總是說一套做一套？是什麼或是誰形塑了我們的行為？改變人們的行為是容易還是困難？為什麼我們相信自己能合理解釋做出行為的決定？

本章首先開始討論態度（信念、感情、知識、看法）對對象、群體、事件、符號、產品、服務、品牌等以及行為（可觀察到的舉動）之間的關係。在簡短回顧社會背景和商業研究下對行為觀察的起源，之後再繼續討論現代的觀察方法，

最後，本章探討的是行為影響之間的交互複雜關係，在認真掌握行為經濟學與行為變化的各種方法後劃下句點。

　　行為主義（behaviourism）在 1920 ～ 1950 年代的心理學具有主導地位，直到 1960 年代初期依然是我畢業的心理學系的研究重點。行為主義的基本原理是相信行為可以用科學化、嚴謹而可測量的方式研究，而不必擔心內在心理狀態。當時被認為這樣是絕對客觀的，因為內在狀態如感知、解讀、認知、情感和心情 —— 全都是主觀可以被消除的。行為主義學家用古典制約和操作制約進行了許多不同實驗，第一類制約將自然反應連上非自然刺激（巴夫洛夫的狗聽見鈴聲就流口水），第二類制約則運用負增強或懲罰的方式創造出之後的理想行為。

　　二十世紀接連出現了對純行為主義方法的挑戰及另外的思想學派，例如，人類有自由意志與個人動力，不會依循科學的確定法則；人類有別於其他動物，因此從動物實驗中得到的結論並不能轉移概括；人類大腦不是一片白板，潛意識在大腦處理過程中運作；人類行為具有和環境互動的生理／有機因素（荷爾蒙、基因）；最後，從刺激到反應存在許多過程，如記憶、推理、解決問題、學習。直到今日，實驗心理學與神經科學也提出越來越多決定性的證據表明，行為是

受主觀因素所影響。

儘管如此，行為主義直到 2010 年仍然十分活躍，因為可觀察到的行為相對容易量化，特別是在數位時代。人們會做或不做某件事，這是二分法，是或不是。建立實驗針對特定刺激行為的反應測試是相對容易的，要和數據結果爭辯永遠都很困難。

讓我們開始審視研究員如何在市場調查背景下處理人類行為。

## 態度的探索

從我在南非的第一份市場研究工作開始，多年來我對使用產品或購買頻率的「用法」問題始終感到不安。「你一個月買多少次 XYZ ？」或「你有多常使用 OXO 濃縮湯塊？」諸如此類的問題，我自己都覺得似乎無法回答，更不用說要去了解一整個團體的反應，每個人都同時發言，再商定整合出一個頻率。不過，客戶仍會堅持團體座談會要從用法和態度問題開始。在我看來，向八人一組的團體提問「使用頻率」、「地點」、「時間」，而不是「用什麼」、「為什麼

要用」等問題，答案依據的是不太可靠的記憶檢索。如果調查是關於某種不符合社會需要的產品，（如酒精、香菸、速食湯包、即食冷凍食品及其他）的使用或態度時，情況就變得更加複雜。

探討表現出來的態度總是充滿問題，當被問到允許孩子盯著螢幕多長時間時，父母會有多「實話實說」？人們說他們贊成或反對核能發電時，他們的表現出來的態度是基於什麼？經驗、人云亦云、媒體報導？還是未經思考的不知情反應？你相信人們告訴你他們的投票意向嗎？英國民意調查公司未能預測出 2015 年 5 月的大選結果，部分原因是抽樣對象是年紀較大的保守黨選民，他們也可能是不參加民意投票或調查的保守派，還有其他因素：民調公司對於那些拒絕透露其投票意向的人進行了假設；媒體一窩蜂地做出工黨勝出或懸峙國會的預測，可能也影響了最終結果。

寫本章的同時，我意識到從沒有人教過我何謂「態度」——態度是什麼、如何形成、如何區別，還有態度和行為之間的關聯。大多數我接觸並共事過的市場研究人員和客戶，大多採用「態度暨行為」（attitudes'n'behaviour）這種表達方式，彷彿這是一個單詞，而且每個人都理解它的意思。我既是罪魁禍首也是受害者。

　　因此，我在撰寫本章時，是希望教育自我以及可能讀到我的文字的人。

## 態度的定義

　　態度的定義林林總總，取決於心理學學派而有所不同。

　　榮格將態度定義為：

　　「依據潛在的心理取向，心靈準備以某種方式採取行動或反應❶。」

　　他認為，習慣性態度（取向）是由先天性格、環境影響、生活經驗，通過成熟自我獲得的洞見和信念以及集體觀點的影響導致的結果。心理取向是一種適應性反應，是對環境的反應，但當這種心理取向不再適用時，便處於心理困境的狀態。

　　研究員或研究結果的最終使用者談到態度時，很少從這種角度思考，他們更有可能從認知與明確的層面來理解態度，如同一位社會科學家的定義：

「態度＝對某件事或某個人的贊同；或反對的評價反應，表現在信念、情感或有意的行為上❷。」

直到最近，透過內隱關聯測驗測量隱含和潛意識的信念，這些方法才被用在主流的質化與量化研究中。

社會心理學家似乎一致認同，態度是由三種構成要素所組成，稱作態度的 ABC 模式：

- **情感成分（Affective）**：一個人對態度對象的情緒反應。

- **行為成分（Behavioural）**：一個人對態度對象的行動意圖或傾向。

- **認知成分（Cognitive）**：一個人對態度對象所抱持的整體想法和信念。

讓我們來看一個例子，如果有人問我英國應不應該投資核能，我可能會回答：「絕對不行！」，那核彈和世界末日怎麼辦？我的情緒（情感）反應非常強烈而否定。我也許會選擇投票反對在英國興建更多核反應爐，或簽署請願書反對

在我家附近興建核反應爐（行為）。最後，我可能會認為替代能源，如太陽能、風力和潮汐，是解決英國電力問題更好也更安全的方案（認知）。

其中的一個基本假設是，人是理性的，而態度和行為有直接關聯，換句話說，態度與行為是前後一致的。雖然這麼說看似合乎邏輯，但是在市場調查的過程與人談話時卻無法證實。人們說一套做一套，態度不一定總是和行為相配，反之亦然。

社會心理學家通過實驗發現，態度強度（attitude strength）是很好的行為預測器。如果態度是基於經驗、個人利益、價值觀或形象，那麼行為往往是可預測的。態度強度也可以與知識和專業產生關聯，如果我熟悉了解 DIY，因為我是半專業的業餘愛好者，那麼我對相關的新產品或服務的態度就會明確的表達出來，並導致可預測的行為。通過直接經驗的熔爐所形成的態度（即行為），會比透過媒體報導或其他人的意見和態度間接形成的態度更加強烈。

態度有四種功能：

1. **對知識的幫助**：態度幫助我們組織世界並預測結果，

帶來穩定與一致性。知識使我們得以預測某些結果。

2. **自我表達的催化劑**：態度可以投射出我們認為自己是誰或想成為什麼樣的人。試想品牌、購物袋、保險桿貼紙、T 恤 logo 等，這些都表達了價值觀、信仰以及認同。

3. **有助於從眾**：態度可以使我們適應某個群體。我們可以在工作中表現出某種態度來討好人，也可以在某些場合保持沉默，在這種情況下，表達態度可能會對危害職業生涯或造成他人的負面印象。

4. **鞏固自尊心**：態度有助於證明行為的正當性。有人或許體重過重，但他表現出「胖也是美」的態度，進而保護自己不受批評傷害。

上述四種功能可以幫助人們更好的適應他們所處環境。

在質化田野調查過程中，思考表達態度的功能時，需要把「我們所聽到的」往不同地方詮釋 —— 一個更能洞察理解行為的地方，不僅是把表露於外的態度簡單歸類為事實。

　　我在樹蔭濃密的漢普斯特德遛狗時，朋友告訴我她（以書面形式）強烈反對——一封社區巡迴電子郵件，此郵件要求人們集體拒絕在漢普斯特德豎立「eruv」（一種以高木樁和釣魚線圍起來的區域，讓猶太教正統派能在安息日和贖罪日從家裡帶東西走出戶外）的提案。當我詢問她的態度與行為時，她的反應很複雜。她聲稱自己相信宗教包容與多元文化主義，應該允許穆斯林女性戴面紗，也應該允許猶太教正統派設木樁。她不管木樁設計如何，因為通常只有猶太教徒看得見，其他人不會留意。她說她不想再當一個接受事件發生卻不表明立場的爛好人。我對於她的態度詮釋為主要是為了鞏固自尊心（她覺得鄰居們不把她的反對當作意見），這也是表達價值、信仰與認同的催化劑。我問她是否如此，她同意我的看法。

## 如果態度和行為不一致時會發生什麼？

　　心理學家用「認知失調」（cognitive dissonance）這個詞來說明態度與行為不一致時會發生什麼。當態度與行為不一致時，人們感覺到緊張和心理不適，要舒緩緊張只有一種選擇——改變行為或改變態度來調和。例如，你知道抽菸會嚴重危害你的健康和壽命，你要不就是放棄抽煙，要不就

是引用你祖母每天抽六十根菸卻活到一百歲的事來合理化自己的行為。

　　身為研究員，我們經常遇到態度不符合行為的例子，反之亦然。正如美國的研究發現，對於餐廳菜單上列出卡路里數字的影響，提供給人們的資訊不一定能有用。如果一個人外出用餐，這是一種不同於平日工作或在家吃飯的不同需求狀態（參照「第二章」），人會比較放縱，因此不一定是考慮減少卡路里的時機。

　　從長遠來看，藉由高度情緒化的訊息來說服人們，可能有效也可能無效。這裡我想到的是政府衛生機構某些情緒非常強烈的拒菸和中風宣導。2016 年 5 月起，英國已通過法案，香菸包裝不分品牌，一律採用綠色標準化包裝，每包菸的包裝都要顯示抽菸有害的圖片，藉以勸阻年輕人養成抽菸習慣。雖然從 1974 年以來抽菸的比例已經減半，但 2 ／ 3 的吸菸族都是從 18 歲以前就開始抽菸，1 ／ 3 ～ 1 ／ 2 的人會成為菸槍，抽菸年齡層普遍集中在 25 ～ 34 歲（ASH 2015）。新包裝能否大幅改變這些統計數字呢？我想不能。抽菸人口會持續減少，但對年輕人來說，抽菸是一種叛逆、社會從眾性和身分認同的表達 —— 當前的情感因素遠比未來的健康考量重要得多，「現在」幾乎永遠比「未來某一天」

更重要。

　　這個問題導致現今的市場研究人員較不信任態度,更多的是觀察與理解行為的起因。在進入現代方法和思考潛在影響(通常被稱作「行為的驅動力」)之前,藉由觀察日常生活理解普通人類行為的起落興衰,這個是很值得回顧的一段歷史。

## 觀察日常行為

　　總部設在英國的社會研究組織「大眾觀察」(Mass-Observation)於 1937 年成立,創辦人是一群形形色色身份背景各異的——人類學家、詩人、電影工作者、攝影師與拼貼畫家。他們招募志願者每天記錄日常生活,其中一個創辦人在北方一個工業城鎮展開人類學的日常活動研究。「大眾觀察」試圖影響公共政策,偶爾會成功,同時也為政府的公關工作提供另一種觀點,例如,愛德華八世選擇退位與華里絲・辛普森(Wallis Simpson)結婚。

　　它的數據招致許多批評,當中最嚴重的莫過於樣本是自行選定的,由無法代表英國整體人口的志願者記錄日誌,還

包括隱私的問題。1949 年，創辦人——離開組織之後，這個項目就變成私人公司「大眾觀察（英國）有限公司」（Mass Observation (UK) Ltd.）的基礎，最後與智威湯遜廣告公司（J. Walter Thompson）合併。

有趣的是，該組織現存於薩塞克斯大學的檔案已成為重要歷史資源，其中一位志願者的日記近年也獲出版並廣獲好評（珍·露西·普萊特〔Jean Lucey Pratt〕的《一位出色女性》〔A Notable Woman〕）。2010 年 4 月～9 月，「大眾觀察社群線上計畫」（Mass Observation Communities Online project, MOCO）成立，以觀察日常生活的技術與傳統方式為基礎，邀請英國各社群團體發展出反映二十一世紀英國生活的檔案庫。線上社群透過張貼日常或不尋常的日誌、相片、日記、問卷的方式來進行。

「大眾觀察」的技術應用在現代質化研究中有兩種形式：「純觀察」與「參與觀察」。觀察人們參加某個活動或觀察人們在超市購物而不被觀察者干預，被稱作純粹觀察。如果缺乏環境背景的幫助，現場訪談或包羅萬象的理論解釋，不一定總是能理解觀察到的行為。

基於這個原因，今日的研究人員傾向推薦「參與觀察」，

觀察者與被觀察者有某種程度的互動（直接提問或對話，線上或線下）。

　　這段日常生活的行為觀察簡史，在今日漸受歡迎的人誌學（ethnography）類似，這是多重方法研究的一部分，也是一種獨立的研究方法。

## 理解觀察到的行為

　　在質化研究協會（The Association for Qualitative Research, AQR）的網站，對人誌學的定義如下：

　　「起源於人類學，「人誌學」意指傳統上研究人員為了進行研究而長期生活在一種文化中的做法。質化市場研究也使用這個詞來描述研究員費時──數小時、數天、數週──觀察並／或和研究對象在日常生活範圍交流互動的場合。這和以訪談為基礎的研究形成對比，訪談法與受訪者的互動僅限於傳統訪談或團體座談會形式，較受時間限制，且往往發生在研究對象不熟悉的環境中❸。」

　　「長期生活在一種文化中」和「幾小時、幾天或幾週」

觀察並和研究對象在其日常生活範圍之中互動，兩者有很大的不同。前者是較純人類學的觀點，觀察者參與團體生活，參加儀式和活動，聆聽故事，觀察日常生活節奏如家庭成員互動、育兒行為、正式與非正式溝通等。在市場研究背景下，根本不可能以這種方式參與受訪者的生活。那也是為什麼質化市場研究員依靠自然發生的對話（不用問卷），這種目標性較強的方法，加上圍繞著行為的背景條件資訊（哪裡、何時、什麼、是誰），有助於揭示行為背後的「意義網路」（參見「第六章：脈絡」）。

　　例如，我們針對巧克力進行了一項研究，目的是了解衝動行為。我們的團隊觀察研究對象在當地的街角小店和超市選擇、購買巧克力的行為。我們也陪同研究對象到他們家裡，有時還跟著他們去學校接送孩子，藉以觀察他們把巧克力存放在哪裡、家裡的飲食「規則」又是什麼。在研究中，有好幾次不同女性承認會把巧克力藏起來不讓伴侶和孩子知道。藏匿地點往往很令人吃驚──萵苣裡頭（「沒有一個小孩和男人會看那裡」）、床底下（「我的臥室是神聖不可侵犯的」）和很高的廚房櫥櫃上（「擺在無趣的番茄罐頭和醬料後面」）。當我們從學校返家途中和／或打開購物袋，或尋找藏匿巧克力的地點時，能夠和對方交談，那麼巧克力在家庭和生活中的象徵意義，還有衝動飲食與購物如何以及何時

發生，都會變得更加清晰。

我們進行過最令人印象深刻的是一個被簡稱為「女人與啤酒」的研究。我們對研究對象觀察的其中一部分是和一群經常一起出去的朋友們到酒吧／雞尾酒吧。在那裡，我至少比她們年長三十歲，但我將自己置身於她們的步調、心情與對酒類的選擇中。對我來說，可以很明顯地看出這個團體對新上市的啤酒品牌一無所知（除了父親、兄弟和男友會喝的幾種標準啤酒之外），所以她們無法選出哪一種是適合她們、更特別而女性化，並標榜「女孩們晚上外出作樂」的品牌。同時也存在身份認同的障礙，她們詆毀喝啤酒的女性，盡可能遠離她們這些「男人婆」和「大聲喧嘩的醉鬼」。隔天我確實頭痛得厲害，這是這種研究方法的缺點之一，但你必須參與其中並建立起融洽的關係。

這裡要強調的重點是「置身其中」並非「深入挖掘」、「揭露真相」或「證明發生過什麼」的仙丹妙藥，這只是一種有用的透視鏡頭，讓你得以窺見受訪者的生活，把你在其中所看到的、所聽見的、所注意到的、所了解的觀察進行三方比較。

## 影響行為的複雜性

涵蓋行為影響的文獻橫跨了許多學科——人類學、認知心理學、治療心理學、演化心理學、社會心理學、經濟學、神經科學、神經生物學、遺傳學等。對於行為影響有如此多不同的解釋，以至於根本很難得知要如何弄懂這一切。沒有哪個單一影響比起其他任何影響更重要，每件事都是相互關聯同時相互依存的。最後，選擇去關注什麼樣的行為影響取決於當下的研究背景和目標。

幾十年來，我都習慣列出一組問題來掌握影響行為的因素，答案會導向方法論的建議或一個分析架構，或是將洞察傳達給客戶的方式。這些問題是很實際的，我猜想許多研究員都會問自己類似的問題：

問題1：這是關於個人因素，如生活經驗、價值觀和個性差異嗎？

在有經濟壓力的家庭中長大的人，其賺錢和儲蓄行為會不同於在經濟寬裕家庭長大的人。此外，一個人認為生活中最重要的事——價值觀——對行為有著巨大的影響，自殺炸彈客就是一個很好的例子，他們把殉死看得比活在這世界上更重要。個性也是一部分，心理導向偏外向的人，行為較可

預測，有別於光譜另一端的內向型。內向型的人傾向以個人主觀感受與想法為行動指南，外向型的人則更容易受其他人的影響，或將他們的行動或反應表現於外，比起內向型的人行為更容易預測。

**問題 2：這是關於當下整體情境的影響（下意識和／或上意識）嗎？**

特定行為會在哪裡發生？周遭發生了什麼事？誰在場或不在場？這個行為究竟是如何顯現的？例如，在衝動行為的研究中，巧克力品牌在貨架上的位置（高、低、走道末端、入口、店面中央或出口）影響著人們的行為，同時，優惠價格、促銷活動、新穎度和熟悉度也有影響。如果一個母親帶著孩子來購物，最後的選擇會不同於她獨自購物時的選擇。環境因素如商店裡的照明、布置、溫度、走道寬度以及其他購物者的手推車等，都會影響著最後的品牌選擇。

**問題 3：這個是關於 " 其他人 " 如何影響行為嗎？**

人類是社會動物，我們受他人的行為影響。我們從別人身上學習，我們模仿別人並教給其他人，卻經常沒有意識到別人已經影響了我們。其他人的行動往往會落在意識覺察之下，但確實影響著我們的行為。（參見「第六章：脈絡」）

**問題 4：重點是關於「文化」—— 一個眾所皆知難以定義的概念嗎？**

在「流行文化 vs. 高雅文化」，投注的知識及藝術上的努力相關聯嗎？還是說，重點是關於某一群人的有形產物 —— 例如服裝規範、生活風格配件及品牌知名度？今日我想這個定義是有幫助的：

文化是一組模糊的假設、生活取向、政策、程序與社會習俗，由一群人所共享並產生影響，但並未決定每位成員的行為及其對他人行為的「意義」的詮釋。❹

顯然的，國際性研究必須要理解文化影響，但身為研究人員，我們不得不在特定的研究簡報背景下必須思考「足球文化」、「博物館文化」、「節慶文化」或「電子郵件文化」所代表的意義（參見「第六章：脈絡」）。

我的「四套」自我質詢的思考模型運作得宜，但還不夠好。四個領域並非互不相容，是經驗性的而不是基於自然科學所建立，也缺乏預測性。因此，當我開始閱讀《決斷 2 秒間》（Blink）、《引爆趨勢》（The Tipping Point）、《只想買條牛仔褲：選擇的弔詭》（The Paradox of Choice）、《推出你的影響力》（Nudge）、《誰說人是理

性的！》（Predictably Irrational）、《群》（Herd）及《快
思慢想》（Thinking Fast and Slow）等流行書籍來鑽研行
為經濟學時，我開始領會到有一門研究正在將四個領域的行
為影響整合至一個知識體系內，並稱之為「行為經濟學」。

## 行為經濟學

　　2010 年 1 月，英國廣告業協會（IPA）出版了《行
為經濟學：當紅議題還是轉移焦點？》（Behavioural
Economics: Red-Hot or Red Herring?）。這本小手冊引
起了市場研究領域一陣翻天覆地的變化，特別是在理解行為
的方面。焦點已經從描述和測量態度（相信藉由這樣做，可
能影響行為）轉變為判斷人類如何「在關鍵時刻做出選擇和
制定決策」。它也將重點從「診斷」（diagnosis）轉移到
「干涉」（intervention）——換句話說，如果我們同意人
們的行為不可預測，那就能「輕推」（nudge）他們做出不
同行為（亦即向政策制定者、政府部門、組織或品牌的需要
靠攏）。

　　行為經濟學（BE）出自學術界，在過去五十年一次又一
次的實驗中建立，其基本原則為，人類並不如古典經濟學所

預期的那樣行動；他們並不是基於「無止境的理性、無止境的意志力、無止境的自私」而做出理性或合理的決定❺。相反的，人們經常做出「可預測的非理性」的決定，往往導致更糟而不會是更好的經濟結果。例如，有些人或許想拿更好的經濟成果來換取更安全的結果，這完全是理性的。我想不出有什麼比付給水管工一大筆錢來修理堵塞的水槽，而不是自己試圖用通管器或籤棒修理更合理的事了。

羅瑞・蘇瑟蘭是英國奧美集團（Ogilvy Group）副總監（也是 TED 演講者、推特經營者、部落客、作者與評論家）不遺餘力地支持運用行為經濟學來分析品牌、企業、組織與政府／政策問題。我請他為行為經濟學（BE）下定義，我可以藉此為從未接觸過的人 —— 或出自某些理由拒絕與之打交道的人 —— 揭開神秘的面紗。他在電子郵件回覆中提出了幾點，我逐字引用如下：

（1）「行為經濟學和經濟學有關，諷刺的是，它很大程度是為了孤立、量化與說明現實世界的人類行為有別於標準經濟理論所預期的情況。然而，「經濟學」這個詞存在其中，迫使政策制定者與生意人嚴肅看待行為經濟學，這點倒是千真萬確。」

　　客戶及其內部利害關係人較能接受以行為經濟學論述為框架的研究提案、方法與建議。

　　（2）「我們不是用我們以為的那種方式思考：潛意識的情感和直覺對我們行為的影響，遠大於我們所以為，我們未覺察到這點，正是因為這些本能是潛意識的，在許多情況下無法內省得知，因為我們會在事後回想時將自己的行為合理化——而我們所給出的理由並不是真正的原因。」

　　這就是一個在今日行銷對話運用潛意識概念的例子——我認為這是一大進步。

　　（3）「在商業與政策制定方面，標準經濟學理論中的假設愈來愈常被當成理解與預測行為的模型。不過，對於理解人們行為的原因並預測他們會做什麼，是個非常糟糕的模型，在某種程度上，效用（utility）的經濟概念完全只是循環：我們應該獲得最大效用（試著盡可能獲得最大價值，同時盡可能減少花費），但我們怎麼知道效用是什麼？」

　　這裡的重點是，我們假設當人們做決定時，懂得計算如何以最少成本獲得最大價值，只要稍加思索，你就會明白事實並非如此。我購買 Gor-Tex 布料的戶外防水夾克前，不會

在網路線上線下逐一造訪可能的戶外用品零售商。不，我會選擇 Mountain Equipment 這個牌子的夾克，因為我身邊有三個人穿它，也因為它比其他兩個牌子還昂貴（所以品質一定良好），還有我喜歡它的描述「穿得敏捷」。

（4）「人類大腦被調校為滿足而非價值最大化：避免災難比達到完美重要。一旦你了解了這點，許多看似『非理性』的人類本能如習慣、社交模仿與品牌偏好 —— 都是非常有道理的。我們做出某個選擇，不一定因為這是最好的選擇，而是因為我們認為它可能不是壞的。」

這部分解釋了英國脫歐公投辯論（2016 年英國舉行公投決定是否要繼續留在歐盟）。留歐派唯恐經濟一落千丈導致災難，所以做出壞處最少的選擇；脫歐派則唯恐移民湧入國內，所以選擇封鎖邊境。

許多主流市場研究的重心在於品牌主從微觀而非宏觀層面理解並影響個人的經濟選擇。我應該選這種還是那種房貸？我應該選擇買一送一的 X 品牌，還是增量 25% 的品牌 Y？我應該買比較便宜的自有品牌頭痛藥，還是知名藥廠的藥品？諸如此類。

還有其他類型的選擇——例如，要不要生孩子？要和誰結婚？要不要投票？投票給誰？要不要捐贈器官或捐血？而有些決定，經濟因素可能不是首要考量，例如選擇交通工具、度假地點、是否依醫囑服藥等，不勝枚舉。

<u>心理學研究與實驗表明，人類的決策，無論是否直接關於經濟，容易受到廣泛的無心偏見（或預設立場）所影響，但絕非一如我們表面上的前瞻思維和考慮周到的理由。</u>

在不確定的環境下（大多數涉及未來結果的決定），我們只有不充分的知識、不足的資訊、有限的處理能力與疲弱的回饋機制。

除此之外，我們生活在當下，容易受記憶、自然情感和情緒、環境觸發等所影響。我們大多數人不願意改變日常習慣或偏好的行為，我們也不善於預測未來的趨向。最重要的是，我們是深受社會規範和互惠以及公平觀念影響的社會動物，這些傾向跨越了不同文化，可以說是人類的根本。

形容一個人「有偏見」不是恭維，這個詞更常用來形容一個偏執的人或只抱持片面觀點的人。在行為經濟學的情境中，偏見是以某種方式思考並採取行動的傾向，而不是偏離

常軌，事實上，它們就是一種常軌。康納曼喜好將「偏見」
稱為「思維錯覺」。

有趣的是，著名的認知科學家、心理學家、語言學家以
及心智、語言及心理學暢銷書作家史迪芬・平克（Steven
Pinker）也從康納曼關於人類固有思維的錯覺概念中找到慰
藉，他寫道：

「當我第一次拿出我的著作《心靈白板》（The Blank
Slate）的相關資料給他看時，他給了一個深得我心的評論：他
指出，人性有內在缺陷的概念，就和人類處境的某種悲劇性
觀點一致，我們必須與這個悲劇共處，這是身為人的一部分。
這是一個深刻的哲學觀察，對我這本書的寫作影響深遠❻。」

2015 年，IPA 出版《行動中的行為經濟學：IPA 實
效獎所帶來的策略與洞見》（Behavioural Economics
in Action: Strategies and Insights from the IPA
Effectiveness Awards），報告引用了個案歷史與範例，並
依據「IPA 實效獎」論文的六年分析提出數個策略。對市場
研究的客戶與從業者來說，這本指南非常可貴，因為這些案
例是來自我們業界開展出的有效行銷活動，而不是來自學術
實驗或政策干預。

這些策略包括了：

- 使所期望的行為成為 " 正常的行為 "：人們所知道或已經在某種程度上從事的行為，其他人也會跟著做。

- 讓該行為盡可能簡單而直觀。任何阻礙或力量，無論多麼微小，都會減弱「輕推」（nudge）的力量。

- 顧客歷程（customer journey）不是圖表上繪製的步驟和一連串邏輯排列的結果。相反的，顧客歷程是複雜的，需要整體背景脈絡的觀點來設計介入活動。

- 在設計顧客歷程時，行為「如何做」和「是什麼」一樣重要。

- 價格與價值是難以管理的策略，消費者將價格折扣或增值優惠看成鼓勵或限制的例子都不少。

其整體主旨是，小改變能發揮大效果，還有心理學「永遠」重要。

任何一個想積極接觸行為經濟學龐大文獻（學術、商業、

大眾與政府文獻）的人，都會發現這是個令人卻步的挑戰。
因為如此，許多行銷與研究顧問已經簡化了行為經濟學的概
念，並開發出自己的一套體系和工具來分享他們的思維、發
展實踐方法並設計解決方案。此外，許多人也創造出了已註
冊商標的研究方法和產品。

這套體系和工具各不相同，從說明性到著重干預的部份
都有。有些是一般性的，因為適用於許多人類行為的問題與
領域——例如英國內閣辦公室透過公共政策影響行為的「心
智空間」（MINDSPACE）模型，其他的則有特定用途，特
別是市場調查研究公司與企業顧問公司註冊商標的工具與體
系。

有三種行為的工具：

1. **概念模式**是用來描述行為經濟學的基礎，例如「洞察
   地圖─第一章」便討論過系統一與系統二 相互關聯的
   運作。一個模組可能聚焦於將偏見和探索分為認知、
   情感、社會與整體環境脈絡四類，更進階的模式則可
   能研究不同傾向如何相互關聯，例如損失厭惡或稟賦
   效應，運用行為經濟學到市場研究計畫之前，這些思
   想都是基本知識。

2. **行為原則**用來描述許多偏見與探索法，例如：錨定（anchoring）、心理帳戶（mental accounting）、損失厭惡等。這份指南列出 79 種不同偏見，維基百科則有另一份清單，列出超過一百種偏見，我發現清單上的許多偏見對於診斷行為並幫助客戶著手制定可能的干預措施非常有幫助。

3. **行為改變**實驗與驗證是超出本書範圍的專門研究領域。專門從事這類研究員既有商業顧問公司，也有非營利機構，還有國內外的學術中心及重要大學的相關科系，包括倫敦大學行為改變研究中心（The Centre for Behaviour Change）及英國政府社會研究單位（Government Social Research），後者曾在 2008 年出版一份討論行為改變模組的報告❼。

身為通學型研究員，我們藉由廣博的見聞與完整的範例幫助顧客擬定改變行為的最佳方法。例如，如果行銷團隊接受人們自認缺乏知識的表面事實，那麼就必須挑戰預設的解決方案來提供更多資訊。我們可以舉出幾個例子，比如先前提過的計算卡路里的菜單。我們也可以幫助他們設計實驗性研究來對比不同的干預手法對照帶來哪些潛在的行為改變。

　　<u>診斷是預防與治療的第一步，而那正是研究員與專案委託者所必須定位的位置。</u>

## 態度與行為的關鍵原則

　　關於態度與行為的研究，最好要牢記一些重要的事實和原則：

1. **行為主義在 2016 年依舊活躍。**科技已經讓測量變得簡單迅速。然而，我們永遠要記得，相關性並不等同於因果關係。

2. **「態度暨行為」不是單一概念。**態度是一回事，行為是另一回事。我們寫建議書或從事研究時必須多思索這一點。我們正在處理的可能是哪種態度 —— 情感態度、行為態度還是認知態度？其功能是什麼？態度強烈與否？依據是什麼？該行為是受訪者回顧的行為，還是觀察到的行為？

3. **認知失調是人類的一部分。**身為研究員，我們可以在它發生的時候意識到，並在質化研究的過程中予以探

索，例如個人或團體如何處理認知不適的狀況 —— 否認、合理化、接受等。我認為重要的是向客戶解釋這點：受訪者並非刻意說謊，而是為了向我們表示有一種尚未解決的矛盾存在，這或許能夠帶來有利的解決方案。

4. **觀察行為的發生可能是有價值的**，只是要記得，出於成本與時間因素，商業人誌學是必要的小規模。因此，重要的不是過分誇大目標或做出過於籠統的結論。值得謹記的還有，不論是身體上明顯的反應或是透過科技觀察，任何觀察到或自動觀察到的行為，都會被另一個人的注意所改變。

5. **研究員必須發展出行為影響的概念模組。**

　　並沒有哪一個思考模組是唯一的模組。這很大部份取決於研究的目的所要探索的特定行為。

　　請在專案一開始做出假設，接著提出證明或反證 —— 例如，影響因素主要是社會、文化、個人還是環境背景因素？如果答案不只一個，哪些因素的影響可能最強烈？

6. **了解行為經濟學的核心概念，是今日所有研究員的必備要件**。客戶提供的研究任務簡報提到「理性與情感因素」、「行為驅動力」及「左腦或右腦」時，清楚表明了使用系統 1 和系統 2 來理解行為的方式有高度相關聯。

7. **思維錯覺（認知、情感、社會與背景偏見）是正常人的一部分**。它們不是推理不合邏輯或不正常推理的異常例子，情況正好相反。

8. **改變行為是截然不同的另一回事**。大多數的質化研究人員應該留意不要過度承諾我們的見解能帶來行為的直接改變。我們的角色最好是幫助客戶了解行為，再與不同專家合力開發、測試與改善可能的干預手段。

## 參考資料

1. "Jung Lexicon". New York Association for Analytical Psychology. http://www.nyaap.org/jung-lexicon/a/.

2. Myers, David G. 線上社會心理學專有名詞表：http://highered. mheducation.com/sites/0072413875/student_view0/glossary.html

3. "Ethnography". The Association for Qualitative Research. https:// www.aqr.org.uk/glossary/ethnography.

4. Spencer-Oatey, Helen. Culturally Speaking: Culture, Communication and Politeness Theory. London: Bloomsbury Publishing PLC, 2008

5. Thaler, Richard H and Sendhil Mullainathan. "Behavioural Economics". The Concise Encyclopaedia of Economic.

6. "Daniel Kahneman changed the way we think about thinking. But what do other thinkers think of him?" The Guardian. https://www. theguardian.com/science/2014/feb/16/daniel-kahneman-thinking-fast-and-slow-tributes.

7. "The Behavioural Economics Guide 2015." Behaviouraleconomics. com. http://www.behavioraleconomics.com/BEGuide2015.pdf, p. 10.

CHAPTER 5

語言：暗藏於文字的
表層意義裡

「文字麻煩的地方在於，總是詞不達意。」
——約翰・西蒙斯（John Simmons，
作家、獨立作者、寫作團體「26」創建人）

## 起始點

《語言的困難》是約翰·西蒙斯在 1993 年出版的一本傑作。他用很少的篇幅就解釋了為什麼有些人、品牌與組織無法精準傳達他們的意圖。「語言的麻煩之處在於他們說的跟想的根本就不同調❶。」

一句歷久不衰的名言也是這麼說的：「人們心口不一，他們不說出自己心裡想的事，也不思考自己要說的是什麼。」

人們心口不一這件事一直困擾我的工作和生活，也成為我跟家人、朋友和同事關係的困擾。如果能夠完美地傳達一個經驗、一種內在想法、抽象思考，或者用語言得到所求時，它會是令人愉快溝通的工具，但是當語言造成誤會時，它是非常可怕的。我已經學到，而且仍然不斷在學習的，是去留意到哪些詞可以使用或避免，人們在用字遣詞的時候，傳達了什麼，又保留了什麼，還有他們的語氣，以及身體語言的線索。

《語言的困難》帶領我走上了跨領域的探險－社會人類學、心理學、個人發展、心理治療、神經語言學、溝通分析、符號學、文本分析和正念訓練等。我一點一滴地汲取各領域

的知識，試著在實務中去蕪存菁，但我常在過程裡聽見蛋頭先生的警告：

「當我說話的時候」蛋頭先生帶著嘲弄的語氣說：「這些話所表達出來的意思，就是我選擇要賦予他們的意義－不會多也不會少。」

當我們說話，還假設聽眾（一個人、一些人或很多人）一定會聽懂我們意思的時候，我們基本上跟蛋頭先生是沒有差別的，就像他一樣，我們很自以為是的用無知的嘲諷態度，輕視了語言那種模糊又模稜二可的本質。

我對文字與意義的好奇心起源自我在南非生活的那段時間，那裡有種族隔離政策，而且官方語言只有二種：英文和南非語。當地學童們不分母語或膚色，都要學會這兩種語言其中的一種。然而，在我居住的地方，其實還有很多其他的語言－科薩語（Xhosa）、祖魯語（Zulu）、修納語（Shona）和意第緒語（Yiddish）。由此可知，日常生活中，各種文化會在無數的溝通場合裡交會。我發現如果說話的是白種人，那他／她一定是「正確」的，因此如果聽到話的黑人聽不懂，那一定是黑人「錯了」或是「笨」。雖然如今南非已經有 11 種官方語言，但溝通上問題依然存在。

　　由此看在，我在大學時期選擇主修社會人類學是有跡可循的。大一的時候，我在跨文化研究裡學習不同文化裡所謂的「原始民族」。當我瞭解到親屬關係在不同文化裡的不同呈現，我非常的驚訝。語言定義了每個民族的社會關係、組織和身份。英文裡頭 Uncle「叔叔／舅舅」、aunt「阿姨／嬸嬸」、grandmother「奶奶／外婆」、cousin「堂兄／表兄」及 second cousin「姪女／外甥女」指的是父母雙方的家庭成員。在眾多阿姨裡，我們可能會偏愛其中一個。因為「阿姨」這個字，其實隱藏了我們對阿姨這個角色的某種行為期待。

　　努爾人（我曾經在 1960 年代研究過的一個非洲部族）對舅舅和叔叔、外婆和奶奶等父母雙方親戚各有不同稱謂。這些稱謂清楚的表明了一個努爾孩童在家庭、社群還有社會上的行為期待，而且孩子們在很小的時候，就學會分辨這些事。努爾人的親屬稱謂能定義社會裡的權力關係、財產如何處置移轉、儀典裡的角色，還有怎麼解決紛爭。E.E. Evans-Pritchard 在他針對努爾文化所寫的第二本書裡，檢視了這個複雜的社會組織裡頭關於婚姻、親屬、血親、部族和家庭的概念。對努爾人來說，家庭這個詞，遠比我們文化中所謂「核心家庭」的定義還要複雜得多。家庭對他們來說，像是有穩固四隻腳的動物，每一隻腳上都承載著延伸家庭的

成員，還有對他們行為舉止的期待。當孩子有機會和父系或母系家庭成員同住時，甚至會使用不同的名字。

　　<u>語言和文化之間是互為一體的。客觀現實無法用語言來表達。</u>

　　美國哲學家理查‧羅逖（Richard Rorty）將這點闡釋得很好：「世界就在眼前，然而對世界本質的正確描述，卻是不存在的❷。」

## 語言到底是什麼？

　　語言是市場研究的核心。我們在設計問卷或者提出問題的時候會謹慎用詞。我們仔細記錄民眾的回應、上網讀訊息貼文、還會學到針對不同商業及品牌問題，客人在各自領域所使用的專業名詞。同時，我們也用文字來解釋研究過程的發現。

　　當然，語文只是溝通過程的一部份。手勢和肢體語言的線索會強化或削弱我們的語言訊息。完全不用文字跟人溝通是可能的（例如在發送及接收訊息時），但是很困難。在跨

文化的溝通情境裡，有很多身體語言會對外國人感到困惑。比如說，搖頭在印度表示的是「同意」，但在西方世界卻是相反的意思。當我在日本做質性研究的時候，我們透過單面鏡觀察到日本女性會將手交疊在桌下，頻頻對彼此微笑，就算談話內容並不有趣。一位日本質化研究員向我解釋，團體中的女性是感覺緊張的，而不是放鬆。

當我們在跟客戶、同事或研究對象溝通的時候，也不一定可以輕易地猜到字面裡包藏的訊息。

溝通過程就像是冰山一角。我們經常需要潛入冰山底下，看著冰山在水面下暗藏的重量與結構，才能了解語文的本質和溝通方向。

本章第一部分討論對話（discourse）及對話分析（discourse analysis）。這是語言學的專門領域，與符號學息息相關。這門學問主要是透過書寫、口語或手語的研究，來理解溝通過程中各個層面的意義。

本章的第二個部份討論的是隱喻在日常語言中深遠的影響。當我們覺察到自己或別人在對話中選擇使用的隱喻，我們就能蒐集到足夠的線索，去破譯文字背後的意義。

　　如果你重讀本節，會留意到我用了幾個隱喻 —— 也就是說，我用一件事（物體、想法、感覺）來描述另一件完全不同的事，指出兩件事的相似性。因此，我運用了兩個主要概念「心」與「冰山」：文字是市場研究的「核心」，文字表面是「冰山一角」，文字有「重量和結構」，我們必須「潛入冰山底下」，了解語文的「本質及方向」。

　　我希望能增進你在對話裡覺察隱喻的能力，欣賞語言的力量，並且在一個嶄新的心智層次中加強對話中的理解，擴展你在公私領域的疆界。

## 語言不是關於什麼？

　　如果我忽略從公元前四世紀起便注入大量語言研究的學術和哲學心力，就太粗心了。《牛津英語辭典》給語言學的定義是「語言及其結構的科學研究」，分成許多不同的專門領域。三個廣泛的領域是：語言類型（語音學）、語言的意義，以及脈絡（本身就是一種思維模式）對語言的影響。第一個領域和市場研究的關聯有限，至於其他兩個領域則至關重要。

　　質化研究員是最明白語言如何是受心理、社會、文化、歷史與政治因素所影響，但上述每一個領域都各自衍生了學術專門的語言學次領域，比如心理語言學、社會語言學、神經語言學、文體論、計算語言學、歷史與演化語言學。延伸出來的學問令人望之興嘆，超越了多數通論研究員（包括我自己）在個別領域裡能觸及的範圍。

## 第一部分：人們視為天經地義的對話

　　「對話」在本章指的是在商業、組織或任何市場研究領域裡的各種書寫、口說或手勢溝通。在溝通的過程裡，我們視對話為理所當然的一個部份，常常把它稱作「行話」。政治對話就是一個很好的例子，例如削減預算、財務緊縮、生活水準降低、經濟成長、貿易逆差等等。醫學界與法律界也有各自常用的行話，醫師病歷表上那些難懂的筆記、還有法律契約及判例上涉及的用字，都是外行人很難看懂的。

　　不同的專業領域會有不同的行話，組織、公司、團體及家庭亦是如此。這樣的「對話」在漫長的時間裡約定成俗，讓當局者習以為常。當你回想原生家庭裡對於金錢的慣用話語，再把這些話寫下來的時候，去留意這些用字傳達了家族

對金錢有什麼樣的信念和認知。

　　吉兒‧厄茹特（Gill Ereaut）是語景顧問公司（Linguistic Landscapes）與企業組織的窗口。她對話語的定義淺顯易懂，也適用在其他正式或非正式的團體：

　　「組織裡慣用的口語及書寫方法、表達風格、能接受的俗語還有針對人、事、物的習慣用語，構成了獨特的語言組合，呈現出組織的特質。內部人員甚至不會察覺到這種語言模式的存在。❸」

　　市場調查研究用語也和科學、醫學、法律的領域一樣別具特色。以品牌發展來說，當我們提到命題、定位、路徑、刺激、執行、策略、文案、敘述語音記錄、廣告概念等用語，外行人必定是滿頭霧水，就如同我們不熟悉法律用語一樣。

　　厄茹特寫過一篇精彩的案例研究，名為《如何用語言揭露成功的障礙？》❹，清楚說明並闡釋話語如何運作。前列腺癌慈善組織（Prostate Cancer Charity）的內部溝通是這份研究的重點，所以內部溝通的各個面向——電子郵件、留言板、同事間的談話與諮詢專線中的對話——都經過反覆檢驗。

　　一經檢視，語言模式與用字習慣會呈現出暗藏的思想與行為，這種潛藏的世界觀，會決定組織的文化，進而帶動內部的溝通方式。在組織成員明白了這點之後，這份報告也說明了管理階層的反應，還有隨之而來的改變。該組織因而更名為英國前列腺癌中心（Prostate Cancer UK），創造了新的品牌身分（更有自信與活力，也更加敞開），工作原則被融入組織語言裡，以引導語言決策及內部關係，新的合作關係也應運而生。

　　在一篇名為〈語言力量與政治：關鍵話語分析和恐怖主義戰爭〉❺的文章裡，曼徹斯特大學教授理查·傑克遜（Richard Jackson）清楚說明文字如何擁有令人恐懼、焦慮、快樂或喜悅的力量。

　　傑克遜闡述，語言分析或話語分析有三個重要原則：

**1. 文字是二元的，永遠有其對立面。**

　　對立面通常未說出口。例如，如果有人提到「好」，那麼「壞「或「惡」就是未說出口的對立面。今日我們使用很多對立文字，如西方／東方、文明／野蠻、和穩定／混亂。非政治環境中的食品標籤用字也是二元的──例如製造／手工、有機／農藥、天然成分／食品添加劑等。

　　我們曾受一間大型英國保險公司的投資分部委託，去研究如何描述不同投資層次的風險，所以客戶能自行分類，選出理想產品。我們的內部客戶是一名精算部門經理，「風險」之於他，是估算特定事件發生機率的統計方法，也就是投資價值在特定年限裡的高低水準。我們招募受訪者，檢視他們對投資金錢的態度（知識與信心 vs. 天真與缺乏信心）及行為（已進行的投資）。我們很快就遇到一個問題。無論統計上的風險有多高，如果我們使用「風險」、「損失」、「價值可能起伏」等字眼，除了經驗老到的投資者以外，幾乎其他所有人都會選擇較為安全的商品（即風險規避）。對日常投資者來說，「風險」這個字近似危險、賭博、傷害與損失，而非獲利、贏、增值。雖然很難讓我們的客戶相信人們既不是愚笨，也不是不理性，但多虧行為經濟學家對「厭惡損失」的說明（參見「第四章：行為」），這位精算客戶也能了解投資人的反應。

### 2. 文字活躍地形塑感知、理解與情感。

　　瀏覽媒體，不難發現文字形塑並且改變了我們的感知、理解與情感。語言不僅讓周圍的世界變得真實、影響我們思考與感受的方式，重要的是也影響著我們的行為。用「蜂擁的移民」（swarm）、「裝病者」（malingerers）、「經濟移民」或「恐怖分子」等詞彙來描述難民危機，描繪出的

景象截然不同於「跨越歐洲的大量移民」、「尋求庇護者」、「逃離不可想像的暴力的人們」和「孤兒」。這不僅產生了全然不同的情緒感受，無論是市井平民還是政府高官，這導致人們採取不同的行動。

　　回到正題，運用「消費者」、「受訪者」、「目標」和「區隔X」等字眼，而不是「人們」、「我們的顧客」、「女人」或「母親」等用詞，會令費時參與市場研究的人產生不同感知、想法與感受，並導致不同的行為。

　　3. 文字絕不是中性的，文字皆有歷史。

　　本書以一則關於潛意識的故事揭開序幕，是個非常好的例子，說明了文字背負著難以擺脫的歷史，文明是另一個有歷史的詞，它讓我想到古希臘，或是埃及或美索不達米亞等文明。就算把這個詞放在現代語境中，它依然會令人想起「過去」這層含意。

　　我想到吉卜林先生（Mr Kipling）的案例，它是一個創立於1967年的知名蛋糕品牌。智威湯遜廣告公司以吉卜林先生的聲音為該品牌發展出一套獨特語言。廣告語「風味絕佳的蛋糕」從廣告推出就沿用至今，不因更新品牌而被捨棄。「絕佳Exceedingly」這個副詞使人想起過去──那個崇尚

英式禮儀的時光，因此強調出了傳統的價值。

　　4. **文字就像我們用來傳達自我身份或與他人地位關係的服裝。**忽略某人說話的內容，轉而聚焦在他當下扮演的角色或身份需要點練習。文字是如何定位說話者與他人的關係？個人或團體對自己的價值觀或信念有什麼看法？

　　以下的例子來自一名 15 歲的滑板玩家，他在 Instagram 上和朋友用一種絕對不會用來和家人說話的方式溝通：

　　「昨晚真是酷到不行」、「無聊的婊子」、「我才不是 instafam（指某人把 Instagram 當家一樣頻繁出入）」、「比你老媽還快」。

　　蘭麥德實業公司（The Langmaid Practice）負責人羅伊・蘭麥德（Roy Langmaid）寫過一篇話語分析的簡單指南，名為〈使用文本的一套工具〉。他談的是溝通中的「文本」（text），不是手機簡訊或語言。舉例來說，「工具一」被稱為「指示工具」。人們講到代名詞如「他／她／它」和「這個／那個」，以及「在這裡／在那裡」等副詞時，往往假設別人能了解他所指的是什麼。例如對一則廣告的反應：「我不喜歡這個。他太討厭了。這很愚蠢。」追查並釐清「這

個」、「他」和「這」指的是什麼十分重要 —— 是指整個廣告、其中的情節、對話、品牌，還是什麼？

「工具五」名為「定位工具」，蘭麥德帶領我們探索對話或劇情中的角色。他們從什麼位置說話，又達到什麼效果？例如，專家、遲鈍的丈夫，還是令人尷尬的老爸？產品、品牌或服務用什麼方式協助或阻礙人們？前面提過，我們所有人都想表現出自己最好的那一面，避免站在令人尷尬或失望的位置上。我們不想認同無腦的妻子或遲鈍得令人惱火的丈夫 —— 這也會反映在我們與該廣告品牌的關係上。

將這些工具納入質化研究的工具箱，有助於質化研究人員擺脫流於表面的報導敘事（「他們就是這麼說的」），達到更接近詮釋的境界（「事情是這個樣子，因此我相信它代表的意義是如此。」）

## 第二部分：日常語言中的隱喻

你在學校可能學過隱喻的簡單定義：「用描述一樣事物的字或片語來指稱另一樣事物，以顯現或暗示兩者相近」，或是「用來象徵其他事物的一個物件、活動或概念」。「愛

情是戰爭」是一種隱喻，「愛情有如玫瑰」則是明喻。與明喻相比，暗喻更加強烈且更生動。如果隱喻得當而切題，它便是以「系統一」的層級運作 —— 直覺、潛意識地、簡單又快速。如果不是如此，就會造成認知阻力（cognitive hiccup）。

雷可夫・詹森（George Lakoff）與馬克・強森（Mark Johnson）在 1980 年出版的重要著作《我們賴以生存的隱喻》（Metaphors We Live By）中，認為隱喻建構了我們對世界的的感知與認識。隱喻絕不單單是「詩意想像與華麗辭藻的工具…… 隱喻其實在日常生活中處處可見，不只在語言中，也在思想與行動中❻。」

他們的著作出版後，引起不同領域對隱喻的高度興趣與研究，其中包括認知人類學、心理學、心理治療、電腦科學及語言哲學。

在認知與實驗研究界中，隱喻被當成心智模型（mental models）及類比推理（analogical reasoning）與解決問題的策略來研究。在臨床心理學與心理治療領域，對隱喻的興趣集中於它在溝通中扮演的角色，與幼童有關的領域尤其重視這點，訓練嫻熟的藝術治療師能透過隱喻幫助和幼童溝

通，特別是那些被認為在校有破壞、逃避行為的幼童，藉由木偶戲、在沙盤創造情境或是畫畫，幼童能吐露說出一些困擾他們的感受。

不過，對於隱喻的社會、文化、歷史與脈絡敏感度（context-sensitivity），這些學科研究多半缺乏理解。

在行銷與市場研究業界，隱喻隨處可見。產品、服務、品牌或公司透過文字與圖像，明確或隱晦地指出這是另一樣事物——例如健力士（Guinness）的經典台詞：「好東西終究是留給等待的人」和法國電信（Orange）的「未來一片光明，未來就是法國電信」，都將令人印象深刻的隱喻濃縮成一句廣告文案。2011 年，英國石油公司（BP）推出 BP 優途（BP Ultimate）汽油的電視廣告：「你的引擎是車子的心臟，讓 BP 優途來照顧它。」廣告以視覺和文字指出引擎健康好比心臟健康。在早期的創意發展研究中，這個隱喻迅速傳達了其汽油較乾淨的訊息，因而避開了理性的思考與辯論。

對質化研究員來說，察覺並分析隱喻是一種重要技巧，其重要性等同於主持訪談、主持團體座談會，和對客戶提出簡報。

在對談過程中有意識地記下隱喻需要敏銳度和經驗。因為隱喻往往稍縱即逝，幾乎難以察覺。

在我們工作的三個重要領域中，理解隱喻及如何運用隱喻能為研究計畫或關係帶來不同的結果：

### 1. 隱喻模式

這是我永遠都相信逐字稿，而不仰賴記憶或筆記速記的原因之一。其他研究員告訴我，他們寧可聆聽座談會的錄音帶或看錄影檔，重新沈浸到研究對象所使用的語言之中。如今，由於調查研究背負著時間壓力，越來越少研究員願意這樣做了，也因此，人們指責質化研究變成了「報導工作」──只總結人們（表面上）說的話，而不是人們（未表達）可能的想法或感受。

當人們話中帶有隱喻，而其他團體成員亦加以延伸，或相同情況也發生在不同訪談中時，便顯示有某種共同概念或想法存在者，它們可以用來解釋人們的感知與行為。重要的是得切記，隱喻的選擇不是出於隨意或偶然，另一個隱喻的效果可能一樣好，但人們卻沒有說出它。所以，了解人們為何選擇某個特定隱喻十分重要。

　　舉例來說，我們曾為一間假期規劃公司進行計畫案，探索人們對於不同品牌的體驗與感受。用來描述我們客戶的語言，表面上似乎是恭維——有效率、很流暢、運作順利、可預測、像鐘錶一樣有條不紊、適用於套裝行程。然而，這種隱喻是來自工程或機械話語，而且類似的用語出現在訪談過程中，代表這個品牌尚有不夠人性化的地方，顯得僵硬而缺乏溫度。

## 2. 隱喻風格

　　我們說話時偏好使用某種特定的隱喻——也就是隱喻風格或主導思維結構。和風格相近的人說話時，溝通似乎比較容易、順暢且和諧；和風格不同的人說話時，則往往產生對立或爭論，儘管彼此的基本主張可能相同。溝通風格有三個要素：主導感官系統、說話姿態及非言語的表達方式。

　　讓我提出幾個例子：

　　我的主導感官系統是視覺，外子的是聽覺，我還認識以動覺（感覺）為主導感官系統的人。所以當我說明、討論或書寫時，我會看見圖片與圖像，我用的字句類似「我看出你的意思了」、「你能呈現給我們看嗎？」、「我看起來像是這樣」、「那就完全清楚了」等。我比較常用圖表來說明想

法，而且我把隱喻「看成」是圖像或圖片。當我寫到「認知阻力」時，我在腦中看見了一個嬰兒打嗝，而不是聽見或感覺到的畫面。另一方面，我的先生完全無法用「看」的，他用的語言是像「聽起來很好」、「你沒聽我說話」、「直接講出來」和「我聽見你說的了」，他偏好透過聽講而非閱讀來吸收資訊。

以動覺為主導的人則會使用類似「這個點子讓人感覺舒服」、「隨時保持接觸」、「我覺得很有壓力」、「別推我」、「我對這個有把握」等隱喻。

這些主導系統並不是絕對的，它們只是佔據主導地位而已。有時我也會用「去接觸（動覺）」來表達，但這是有意識的說出來，不太像是「我」會用的隱喻。

察覺自己與他人的主導系統的重點在於，你能夠透過模仿他人的溝通風格而改善關係。倘若你和同事、老闆或主管客戶看法不同（我下意識就使用了這個視覺隱喻），那可能是因為你們的主導系統不同，如果你試圖仿效他們的語言，你會驚訝地發現對方經常看起來更高興，也更常對愉快的談話與會議表達感謝。我把配合與模仿父母主導系統的好處教給了我15歲的孫子，他告訴我，他和他母親的關係大有改善。

　　另一種精準溝通的方式是，使用一種特定的隱喻類型或模式，反映出某人的興趣或組織文化。因此，對多數人來說，使用運動隱喻的效果很不錯——例如：「這是公平競爭」、「勝算是……」、「烏龍球」和「目標已經轉移了」。其他常見的還有電腦的隱喻——例如「停機期」、「故障」、「迴圈」、「登入」——或是戰爭隱喻如「如果用那種策略，我們會全軍覆沒」、「我們搞砸了」、「他擊落了我們所有論點」、「我們正朝目標前進」等。

　　值得注意的是，當一群人在日常溝通中採用同樣類型的隱喻時，他們一定也循此方式行事。因此，喜歡戰爭隱喻的人偏好競爭力而強悍，其關係文化更重視輸贏；採用運動隱喻的團體則重視團體合作，甚至會用「教練」這個稱謂來稱呼其直屬主管。

　　約翰・路易斯（John Lewis）是一間合夥公司，其員工被稱作為「合作夥伴」而不是「銷售人員」，他們並不把自己看成是貪婪的工廠老闆所掌控的機器中的齒輪，將利益建立在犧牲員工為代價上。該公司的主要精神展現了其包容文化：「約翰・路易斯合夥公司的終極目標是，讓員工在一間成功的企業裡面，做著有價值而令人滿意的工作，追求全體成員的幸福。」雖然約翰・路易斯對待其外包清潔公司的方

式有些爭議，但語言反映出了這間企業所追求的目標。

　　溝通風格也展現在不同的談吐方式及非語言的肢體語言模式上，同樣的原則也適用於此：一旦注意到某一個人的說話模式──緩慢從容、斷續急迫、吞吞吐吐或一陣沈默──便有可能巧妙地以鏡像的方式來傳遞他們說的話。將談話的步調反映出去，這在心理治療界被稱作「同步」（pacing），在建立融洽關係和改善溝通協調方面產生令人驚訝的效果，同時也可以說，這是非語言的手勢和模式。

　　請試著做做看，但別太明顯。如果太過明目張膽，人們會感到困惑，甚至可能招致反效果。

### 3. 空間隱喻

　　請思考以下的表達：「人生就要往上看」、「我已經把那段苦日子拋到身後了」、「他現在心情有點低落」、「我的計畫正向前邁進」、「接近成功的失敗」、「那目標很遠」、「她已經到達頂點了」、「他被老闆看低了」等。這些隱喻都引用空間描述詞來形容談到的事物：近／遠、向前／向後、上／下、在前／在後等。

　　一般來說，在這些詞組配對中，第一個字詞似乎比第二

個來得正面。例如，「上」比「下」來得樂觀，在我們的文化中，「向前」一步比「向後」來得更正面。因此，這些空間小隱喻顯示出，有些重要的訊息用簡短的方式流露出來。

問題在於，我們能立刻了解人們表達出來的意思，因此在對話中不太會稍做停留，探究沒說出口的另一面。所以，如果有人談到「我已經把那段困頓的日子拋到身後了」，我們其實能探究「後」的真正含意，並且了解他們想像中的前方有些什麼。

空間隱喻可以做為理解消費者品牌庫的投射技巧。給人們一張畫有大圓圈的圖片，中央有個尖端朝上的三角形，裡頭寫著「我」。訪問者／主持人念出一些品牌名稱，請研究參與者把各個品牌標示在與「我」的相對位置上——前／後、近／遠、圓圈外／圓圈內。

## 「我」地圖的技巧

這個活動會帶來關於品牌關係的有趣洞見。通常，和童年有關的品牌會放在「我」的後方，個人所渴望的品牌則放在遙遠的前方。當然，這些空間隱喻需要由畫圖的受訪者負

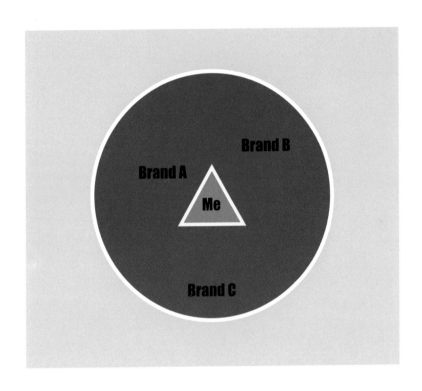

責解讀，而不是靠研究員。

　　因此，仿照空間語言提供了一個簡便的途徑，鼓勵人們延伸並說明，而不是直率地詢問：「這是為什麼？」

## 話語和隱喻的關鍵原則

　　話語和隱喻都可以想成是語文的破綻。基於兩個非常重要的原因，我們必須多理解並留心話語及隱喻。

　　首先，它們提供了線索，讓我們瞭解某個特定領域有關的潛在思維結構。對研究員與客戶雙方來說，解開這個謎題可以帶來極大的收穫，最終導致更好的研究結果。

　　第二，我想沒有人不重視良好的溝通。在此，我指的是容易理解且交流無礙的對話往來和關係，並感到相互合作而非針鋒相對。透過察覺與仿照某人的溝通風格，我們可以為彼此營造更有收穫的經驗。

　　總結來說，關於話語，要記住幾個關鍵原則：

1. **話語對於局內人**（也就是話語使用者、説話者）是視而不見的。他們已經太熟悉自己的語言及表達習慣了，因此不曾質疑這些習慣的假設或有效性。

2. **話語通常令局外人困惑**，其潛在目的是令外來者有距離感、無力或啞口無言。

3. 話語會達到一種「我們」與「他們」的世界觀，並突顯出兩者間可能的關係。這個關係可能反映出不均衡的專門知識（「我們知道，他們不知道」）、道德正確性（「我們行為得當，他們行為不妥」）或身分（「我們團結起來鞏固我們的身分，他們因為不同而令人害怕」）。

4. 內容並不相關。更重要的是，提出「誰在說話？」、「他／她從什麼位置說話？」和「這裡展現的是什麼身分？」等問題。「什麼」、「是誰」、「在哪裡」等問題，會顯現出說話者與聆聽者的潛在關係。

大致上，還有幾個關於文字的原則也要記住：

5. 文字讓世界變得真實。文字形塑著我們的感知、理解、情感與行動。選用不同文字會改變我們的體驗。

6. 文字有對立面。通常，這個對立面不會被說出口，因此請傾聽話語的留白處。

7. 文字從來就不是中立的，它可以從不同層次來理解——歷史、社會、文化與情境脈絡。

8. **隱喻是某個特定形式的文字。**值得在組織或調查研究中尋找出模式，並從中探索出潛在的意義結構。

9. **了解隱喻風格能促進溝通和交流。**

　　最後，要察覺日常生活中的話語及隱喻需要練習。你可以從我在本章提到的那些隱喻做起，你可以自行設計一份練習，例如針對頭痛去比較輔助療法和醫學的相關話語，並探討它們的不同之處；也可以重讀座談會對談或訪問的講稿，並從話語及隱喻的角度分析，或是簡單地提醒自己換個方式聆聽與說話，看看會發生什麼。

## 參考資料

1. Simmons, John. The Trouble with Words: Identity and Language. London: Newell and Sorrell, 1993.
2. Rorty, Richard. Contingency, Irony and Solidarity. Cambridge: Cambridge University Press, 1989.
3. Ereaut, Gill. "How Language Reveals Barriers to Success" Market Leader, Q1, 2013
4. Ereaut. "How Language Reveals Barriers to Success". http://www.linguisticlandscapes.co.uk/whitedragon/documents/file/Ereaut.pdf.
5. Jackson, Richard. "Language Power and Politics: Critical Discourse Analysis and the War on Terrorism." 49th Parallel. Accessed July 4, 2016. https://fortyninthparalleljournal.files.wordpress.com/2014/07/1-jackson-language-power-and-politics.pdf.
6. Lakoff, George and Mark Johnson. Metaphors We Live By. Chicago: Chicago University Press, 1980.

# CHAPTER 6

## 情境背景：
## 意義的漣漪

「如果你是烘焙師傅，做完麵包你還是烘焙師傅，
就算你做出世上最好的麵包，你依舊不是藝術家，但如果你是在
藝廊烘焙麵包，你就是藝術家了，環境背景讓一切變得不同。」
── 瑪莉娜・阿布拉莫維奇（Marina Abramovi），行為藝術家

## 起始點

1964 年我剛到英國工作時，對環境變得極為敏感。雖然我說著一口流利的英語（我自認為如此），但我發現自己經常被誤解，或像是迷失在「英語」的樹林中。當我開始在威廉・施萊克曼公司上班時，有一天，當時的老闆德萊辛博士（Dr. David Henry Drazin）要我去訪問「英國家庭主婦」，我們的辦公室位在芬奇利路上，接近富裕的漢普斯特德區，我帶著調查問卷和建議路線，雀躍而自信滿滿地出發，但卻吃了一次又一次的閉門羹，「家庭主婦」沒有閒工夫（她們是這麼說的），不然就是女傭將我拒於門外。我的情緒愈來愈沮喪失落，最後坐在長椅上哭了起來，彷彿世界末日一樣，整整八個小時，我連一個訪問也沒有完成。五年後，我們移民到英國，我的丈夫是當時婦產科的年輕實習醫生，他在漢默史密斯醫院上班的第一天也同樣難受。在六零年代，他穿著西裝和紫色襯衫，在一位舉世聞名的婦產科教授身邊工作，他被叫進這位大人物的辦公室，並告知他的穿著不得體，確保他在下次上班時穿著白襯衫及繫上合適的領帶。

那麼這個故事是關於什麼？是關於文化環境在無形中為他人的行為賦予意義，也是學習更敏銳地看待環境背景與影響是如何形塑著我們行為。

　　《柯林斯英語詞典》對情境脈絡的定義是：「關係著一個事件或事實的情境或狀況。」《韋氏大字典》的定義稍微完整一些：「某件事發生的情況：存在於事情發生當下，時間地點的一種情境條件。」

　　簡單搜尋 Google 就會發現，世界上任何地方的每一個學科，無不認為情境背景很重要。

　　從考古學到藝術鑑賞，從心理治療到病人護理，從網頁設計到水資源保持，關於情境背景的文章與部落格遍布許多領域。

　　我使用「環境背景」這個詞的方式有兩種：第一種類似上述定義，即圍繞著一個特定事件的事實或環境──例如「環境影響」、「背景動機」、「取決於情境的行為」、「情境真空」、「脈絡資訊」及「環境敏感度」；第二種是界定意義的邊界──亦即，我指的是「這個」，不是「那個」，這類例子很多，比如「商業背景」、「行銷背景」、「傳播背景」、「現代背景」等。

　　我將環境背景定義為：「以內部和外部的環境或事實，定義了某件事情發生的情況。」

　　背景脈絡的意義在於，除非我們有意識的觀察，否則它是不可見的。然而，唯有留意我們內在（情感與身體）與外在環境（社會、文化和情境）的互動，才能弄清楚各種情況與事件。環境和背景是決定如何詮釋意義的關鍵。

## 背景的脈絡是關於什麼？

　　本章是給研究人員、策略企劃及其客戶的一份請求，希望他們投入更多時間與金錢來了解情境背景及其脈絡，而不是僅在口頭上說說。

　　過去四十年來，我書桌上的許多研究簡報，研究目的裡可能會提到理解更廣泛的社會、文化、環境及情感影響的重要性（通常是第一項研究目標），之後的七至十項目標則聚焦於具體問題上。當研究預算有限時，聚焦於背景脈絡的方法卻是第一個被砍掉的部分。客戶面臨的壓力愈大，就愈缺乏耐性或興趣去探索在顯微鏡下為這個問題賦予意義的背景因素。

　　最根本的問題在於，許多研究者明知情境背景，是了解人們為何做其所做、說其所說的關鍵因素，然而，大多數的

商業研究人員既沒有理論基礎，也沒有權威性去說服客戶相信 —— 處理情境背景方法的那些部份對於研究調查的可行性不可或缺。

　　本章將探索圍繞在一個事件或情境的兩種主要「客觀環境與事實」 —— 也就是兩種不可見的背景脈絡 —— 社會背景（他人的影響）和文化背景（社會的思想、習俗或行為的影響）。社會與文化背景之間有著密不可分的聯繫；社會影響包括大型團體、組織與機構的社會行為，也可稱之為「大型團體、組織與機構的文化」。我們必須記住，人們藉由「社會」與「文化」兩個詞彙來理解不同的事物。

　　我的目的是簡述但不簡化社會和文化背景的本質。請把「社會」與「文化」想像成一張美麗波斯地毯上的兩種獨特元素，每種元素都可以被放大、深入檢視，藉以了解兩者如何構成整張地毯的美。

## 這不是關於什麼？

　　本章不是關於「如何運用符號學」，也不是關於符號學的歷史與理論。這是個龐大的主題，而我所能做的只是為你

指出閱讀論文與書籍的方向，還有值得後續追蹤的實踐者，整個社會環境脈絡的領域也是如此。這是個廣袤的知識領域，透過實驗心理學、演化心理學、社會學到人類學發展出自己的軌跡，以及連通性，我以這個詞來描述網際網路、智慧科技和不斷增長的全球連結度和影響。

## 我們是社會動物 ——「他人」在日常生活中的影響

　　記得在 2000 年初期，我曾為賓士（Mercedes）汽車做過一次關於人們如何選擇汽車品牌的調查。我們提出一種多管齊下的調查方法，其中包括去人們家裡訪談。研究夥伴和我在訪談之前先行探索當地社區，發現許多家庭門外或車道上停放的車，不是賓士（Mercedes），就是寶馬（BMW）。訪談中我們詢問車主是否有意識到什麼車最受鄰居歡迎，自己又是否有受到其他人或平常在家附近看到的車款所影響。這個問題在所有情況下都被受訪者驚訝的否認了，相同的情況也出現在我們所進行訪談的許多鄰近區域。

　　人們很少或幾乎不會察覺、也不願承認他人帶來的細微影響，這是因為「做別人所做的事」是系統一的反應（參見「第一章：潛意識」），而不是經過深思熟慮與良好推理後

的系統二反應。車主傾向非常理性談論他們的選擇——言談間充滿了合理化的說詞，例如：轉售價值、安全性、耗油量、速度、功率、經濟性、美學以及許多聽起來正當的選擇理由。然而，我們發現，在不同地區、性別和社經團體中，他人的影響凌駕一切——無論是過去的他人（例如，自己曾欣賞的「其他人」，像是最愛的叔叔或名人）或現在的他人（目前欣賞的某個人或是鄰居的選車模式）。

在 1960 和 1970 年代有許多著名實驗顯示，在特定情況下，人們很容易失去自己的道德或個人準則，轉而支持「別人做什麼或說什麼」的方法。直到今日，商業領域的專家仍持續探索這個問題。

馬克‧厄爾斯（Mark Earls）是一位喜愛挑戰與具有創新精神的策略顧問（奧美廣告前策略總監），他有如傳教士一般，堅信人類在做選擇和「做其他人做的事」的時候，往往挑簡單的做。換句話說，因為我們是社會動物，不是有個人動機的思維機器，所以經常彼此模仿。他出版了幾本書（見推薦書單），當中他以早期的社會心理學理論為基礎，從最近的神經科學與當代行為經濟學文獻來描述、說明以及統計證明，在某些情況下，人們會獨立做出決策，在其他的情況下，卻彼此模仿。

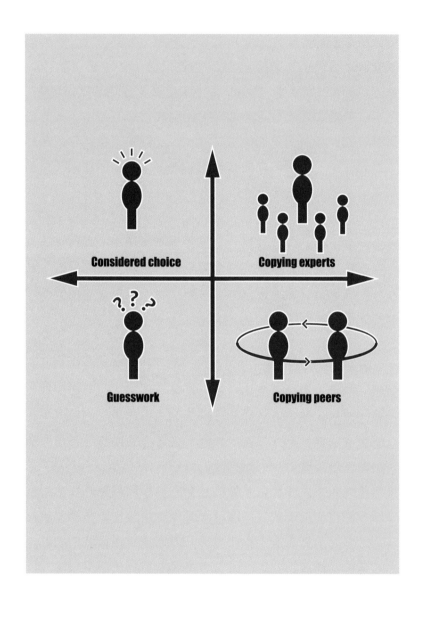

　　厄爾斯和同事們發展出一種簡單且功能強大的四象限模型，能用來假設並詢問出一特定類別如何造成某種社會影響。西一東軸顯示出「個體 vs. 社會」的選擇；北一南軸則顯示出「知情 vs. 不知情」的選擇。

　　從圖中第一象限是「仿照專家建議」，例如，最近我決定把家裡的燈全換成 LED 燈，所以我請教了過去十年來為我家服務的水電工；「第四」象限則是「同儕影響」，例如，我們計畫到亞述群島度假，因為我有三個朋友曾在那裡度過精彩假期，所以我決定也去看看。這不只是關於特定行為落入四個象限哪一個的意見問題，而是透過點擊率或銷售量得出的量化數據集合，做出更有力的診斷。這些資料能顯示某個特定的選擇、類別或品牌如何經由一個群體擴散，象限中的每個因素都各有其獨特形貌。

　　厄爾斯對於發明和創新提出了一個有力的觀點。他贊成太陽底下沒有新鮮事，創新永遠是因為改革者模仿複製某個既存事物後，再予以添加或刪減的結果。我看過一張咖啡杯蓋子拿來充當溫度計的圖片，感溫杯蓋會在咖啡太燙不能喝時轉變成鮮紅色，也會在杯中液體冷卻到安全溫度時也會變色。感溫變色科技不是新發明，但用在外帶咖啡杯上的小轉變，能讓我們多數人免於燙口。我認為，對於那些需要「突

破」解決方案的計畫，這點值得牢記。通常，小改變會帶來大成效。

許多年前，我為哈維司公司（Harvey's Bristol Cream）進行雪利酒的研究。當時銷售遇上了困難，公司正打算把該品牌當作搖錢樹，再放任它隨著顧客群的老化而逐漸沒落。但有個上進的年輕行銷人員拒絕放棄，他委託我們在廣泛的情境背景下進行雪利酒的質化研究（對比其他受歡迎的酒類，其中葡萄酒正日益流行）。我們決定用未標示品牌的酒瓶來裝哈維司雪利酒，並請我們抽樣的雪利酒飲用者與非飲用者「憑自己的喜好品嚐這個新品牌」── 添加其他酒類或單獨飲用。結果非常顯著，有很高比例的人喜歡這種酒，反而常被用來描述雪莉酒── 如「膩」、「過甜」、「口味過重」、「老派」等的形容詞很少出現。酒瓶造型的小改變，最後讓哈維司公司決定用布里斯托藍玻璃瓶來重新包裝雪利酒，扭轉了品牌的命運，也吸引了更多年輕的客群。

約拿·博格（Jonah Berger）華頓商學院的行銷學教授，他一直在研究社會傳播的不同動力，出版過一本關於社會影響的書。

這本書叫做《瘋潮行銷》（Contagious：How to Build

Word of Mouth in the Digital Age），書中解釋了人們如何將事物傳遞給其他人❷：

**社交貨幣** —— 大多數人想展現出「最好的自我」，即熟悉知情的感覺、看起來很酷、見多識廣等，我們談論的方式跟說話的內容，會影響其他人對我們的看法。

**觸發** —— 人們想到什麼便談論什麼，當他們越頻繁的想到某個特定產品或想法，就會更常提及它。

**情感** —— 人們通常喜歡分享他們所關心的話題、產品與新聞。

**公眾** —— 人們有模仿和仿效的傾向，當事物公諸於眾而容易觀察時，人們就越可能仿效 —— 例如，黛安娜王妃過世時，白金漢宮和肯辛頓宮外就出現了成山成海的花束。

**實用價值** —— 如果某樣事物似乎有用，我們便傾向與他人分享這個知識。

**故事** —— 用生動的敘事包裝喜劇與悲劇，就能成為傳遞的素材。

　　厄爾斯與博格的不同之處是，前者的象限圖分析不同類型的行為，進而提出有用的策略方針；後者描述了社會傳播的方式，進而告知可行的戰略決策。根據研究簡報的性質來看，兩者都很有實用價值。

　　羅伯特・席爾迪尼（Robert B. Cialdini）是另一位心理學教授，他廣泛地出版許多本社會說服的相關著作，他的作品：《說服的心理學》（The Psychology of Persuasion）已銷售超過三百萬本、翻譯成三十種語言❸。「當他人影響我們的時候，必須具備幾個條件：互惠、社會認同、權威、好感。如果你為我做了什麼，我更願意依照你的要求做事。如果你是我的老闆或主管，我可能跟隨你的領導。我喜歡的人或我認為有魅力、令人佩服的人，比較可能說服我。」最後，社會認同（social proof，博格稱之為社交貨幣）也是說服的重要因素。

　　依據我的經驗，大部分研究的委託人和我們這些從業者，都傾向從個人動機、驅動力與行為來定義調查。這是因為我們預設人們有獨立的動機與驅動力。我們對於社會影響存在著盲點，因為它比較難被察覺，同時以某種奇特的方式削弱我們的獨立感和自尊心。

　　身為一個研究實踐者，你不能詢問人們是否受到別人影響，或是否模仿別人，因為他們會否認。因為這正好碰到痛處。這種情況發生在座談會中（例如，團體迷思、共識、模仿行為）；發生在行銷組織之中（例如，傾向責怪座談會形式，並改用人誌學方法）；發生在研究從事者身上（例如「新」方法與投射技巧的流行）。社會影響無處不在，直到我們更善於注意到它的影響時，我們才能成為更好的研究者。

　　因此，我的建議如下：

1. **請閱讀厄爾斯以及我所提到其他作者的著作，**你會意識到其他人影響態度、信念和行為的方式。

2. **區分出共識與社會說服、影響以及模仿的不同。**下次看見一群人似乎意見一致時，先問問自己是什麼因素促成這種明顯的輿論共識？這是真的協議（開會的內容），還是團體動力學的結果（情境影響）？

3. **進行計畫時，請先假設其中可能運作的社會影響，**然後在工作過程中予以證明或反駁。請記住，不能直接詢問研究對象，你必須尋找線索，運用間接的田野工

作法 —— 例如觀察、投射和不同的調查線，並將你的分析奠基於理論基礎上。

4. **諮詢專家** —— 那些在社群媒體研究、社會學習、社會傳播、模仿動力及社會說服等學有專精的人 —— 或是將知名專家所進行的一系列工作納入研究中。

5. **請考慮在研究項目中運用多種鏡片觀察，拉遠至整個社會，再拉近至個體。** 你可能會發現，人們在一對一的訪談中談論品牌，與他們在團體座談會中所說的截然不同。在這種情況下，你就能學到<u>一些強而有力的事，關於該品牌在社會領域中如何存在或消失。</u>

### 文化 —— 我們泅泳其中的不可見海洋

我一直喜歡玻璃碗中金魚的比喻和意象。從金魚的角度看到外面一切都像是發生在水裡，牠所觀察到的一切，游動，和行進的方式，都發生在自己看不見的水環境中，牠無法想像其他任何事情。人類也和金魚相似，我們也在自己無形的文化池中四處游動，做各種假設，以特定方式行動並創造意義。

　　文化是情境背景的脈絡，對於人們表現出的信念與行為產生巨大的影響，無論是關於浴廁清潔劑、手機、抵押貸款、人壽保險，還是不同世代財務管理。

　　對現代人類學家來說，文化不僅僅是社會人口統計特徵或心理特性的另一個變項，也是地理位置或描述一群人相較於另一群人的想法和事物的不同之處。文化是關於「我們」及「這裡」（而不是「他們」和「那裡」）。

　　不同的是，研究人員以及企業或行銷組織運用「文化」這個詞時，與今日人類學家有所不同。前者只有在跨文化或全球研究中比較不同市場，或是探索非主流的行為時，文化才會被視為重要。

　　派翠西亞・桑德蘭（Patricia L. Sunderland）與麗塔・丹妮（Rita M. Denny）兩人都是應用人類學家，為大型組織、品牌與市場行銷導向的企業進行消費者研究。她們在2007 年出版了一本書——《在消費者研究中運用人類學》（Doing Anthropology in Consumer Research），這是在現代消費環境中使用人誌學方法的指南。她們區分出「文化分析」（採用嚴謹的當代人類學理論與方法的研究）與「主流商業質化研究」的不同，後者已然成為一種脫離理論和基

礎方法的實用調查工具。

文化分析包含許多不同但相互關聯的學科──人誌學（主要人類學的「田野工作」方法）、符號學（源自語言學理論）、物質文化（人類學的次專門領域）、話語分析（語言學的另一個分支，研究文字及自然發生的語言）、錄影和拍攝紀錄（過去曾是人類學田野工作的一部分）、質化方法（座談會／線上與線下深度訪談）及說故事／敘事分析。

所有這些要素，加上其他因素，構成了今日文化分析者與商業質化研究者所共有的方法學。桑德蘭與丹妮所描述的案例歷史，對於已經超越團體座談會與深度訪談範圍的質化研究者來說，都是非常熟悉的。

文化分析者的立場是「人類生活本身就具有社會創造的意義」以及「社會環境的背景範圍──已嵌入人類的互動關係中並顯現出來」是很重要的，不僅僅是個人的領域。❹

這是大多數的商業質化研究者（及其服務的客戶）和受過人類學訓練的文化分析人員（有些人會自稱是「商業人類學家」）最大差異。前者認為心理問題──個人領域──才是最重要的，問題是從心理形成的──例如，忠實消費者是

如何在情感上依附於某個品牌？為什麼有些人會頻繁更換品牌，另一些人卻不動如山？為什麼我們所提出有關價格的溝通會讓人們產生懷疑和不信任？雖然這項研究會蒐集個人反應，並以此概括更大的調查群體，例如顧客、已流失顧客或潛在顧客等，但詢問與說明解釋的單位是個人。

相較之下，專業文化分析者則會提出一系列不同的問題，一個類別的象徵意義會成為詢問的重點──例如，現代奢侈品和傳統奢侈品有什麼不同？咖啡在現代意味著什麼？足球或房產所有權的意義是什麼？何謂信任？無論是一個小團體、包含很多團體的組織、機構或國家組成的組織，單一個體很少被視為是完全孤立於其他人的狀態。

文化分析專家或許會利用資源拼組成一套質化與量化研究方法來使用，但他們的問題是不同的組成與分析，因此顯示出來的答案與洞見也各不相同。

人誌學的詮釋方式也不同。大多數採用這種方法的質化研究者與市場行銷專家，認為人誌學是一種「深入挖掘」、「揭示」或「顯露」出個人心理動機、驅動力與取向的方法。對於文化分析者來說，人誌學是人類學思維的基石，試圖觀察並理解「人和品牌之間的生活文化、消費者投資品牌或產

品的意義，甚至是品牌或類別的共同價值❺。」

　　隨著科技發展，人誌學的工具也與時俱進——例如，給予研究對象相機或錄影機寫日記、做拼貼、詮釋自己的生活環境。然而，基本方法依舊有效——參與觀察、生活史、投射技巧、團體訪談、拍照、錄音與錄影、電話對談、參加公開或不公開的活動、檢視文件、分析語言，以及進行象徵和／或意象的符號學分析。

　　不過，從根本來看，理解情境背景從來都不是我們做了什麼事情，重點在於我們腦中有什麼。我們必須記得，行為一經觀察，就會受到觀察者所影響。自我民族誌（auto-ethnography）的參與者會選擇性的把影片提交給研究項目，就如同研究人員出現在研究對象的家中，也會改變「發生的對話」、性質，和行為一樣。要推薦人誌學方法時，記住這一點很重要：為終端使用者提供正確架構是基本要件，人誌學方法不會比任何其他質化（或量化）方法更能呈現真相。

　　目前大多數的商業質化研究者並沒有人類學的學術背景，因此在向客戶解釋為什麼某個研究方法的特定組合（包括或排除團體座談會）可能對某些項目比較有價值時，反而處於劣勢。因此，許多優秀的研究調查設計有遭縮減的風險，

因為客戶看不出用宏觀放大的角度來檢視背景脈絡有什麼重要性，進而為研究焦點賦予意義。

## 透過符號學閱讀文化

在這段簡短的文化分析描述中，我兩度提及符號學與符號學分析，如果不花一些篇幅說明這個解讀背景脈絡的學科，那就是我失職了 —— 今日符號學已經成為品牌、傳播、零售以及包裝研究常見的一種方法論分支了。《衛報》在 2016 年 3 月的一篇文章便公開使用了「符號學」（semiotics）這個名詞❻，內容討論晨間電視的男女主持人坐在沙發上的權力關係。左側（從觀眾角度來看）意味著資深與權威（通常是男性坐這裡），女性則坐在右側，這是比較順從的位置。論點對或錯倒不是這篇軼聞的重點，重要的是，主流報紙提到了符號學，卻完全沒有解釋它是什麼。

維吉妮亞・華倫汀（Virginia Valentine，金妮〔Ginny〕）1980 年代曾將符號學應用於英國行銷與市場研究贏得了讚賞。直到她離開公司創立符號學解答公司（Semiotic Solutions）之前，我有幸能與她共事了大約三年。我還清楚記得她和我在八〇年代中期合作的報告，她在報告中談到

符號、所指和能指之間的關係，以及如何不僅在品牌及產品類別創造意義，在日常文化中也是一樣。廣告、包裝、品牌識別、零售環境、產品、促銷活動等，都可以看成是「文本」，它們發出可以被解構的符號或訊息，引領著行銷策略的發展。我還記得當行銷人員聽到我們的報告時表現出全然的困惑和完全的懷疑，然而，金妮就像個虔誠的信徒般深信，解釋著符號學理論能為行銷專業人士帶來徹底改觀的洞見。在當時，這是一種過度樂觀的抱負，我則提出比較實際的作法，建議我們在介紹方法時省略符號學的歷史與理論細節，集中於實例應用上。

直到 1990 年代，金妮開始提出她的工作案例研究——並在年度市場研究協會（Market Research Society）會議上獲得一個又一個獎項——符號學自此才開始被重視。金妮得到了蒙蒂·亞歷山大（Monty Alexander）、馬爾坎·伊凡斯（Malcolm Evans）與葛雷格·羅蘭（Greg Rowland）等偉大的傳播學專家的幫助，他們與著名的公司和品牌合作，並透過符號學應用的案例史，來解釋說明符號學在品牌傳播發展上的作用。

羅伯·湯瑪斯（Rob Thomas）也曾與金妮合作，他是「實用符號學」公司（Practical Semiotics）的創辦人，相

信符號學也能變得像布萊恩・考克斯（Brian Cox）解釋宇宙起源一樣簡單易懂。最近我請他推薦一本當代符號學的書籍，幫助年輕研究者掌握這個主題。他的回答極其實際：告訴他們去看電視、閱讀報章雜誌、追蹤部落格、看大量商業廣告並留意平面廣告——簡言之，就是去「閱讀」文化。

這是個明智的建議。大多數人，包括我在內，對我們周圍的文化主題視而不見，為了閱讀文化，我們必須做出努力，例如，從 YouTube 上觀看一些具有競爭力的最新汽車廣告，並思考其共同傳達的訊息。不要看廣告的內容（即廣告文案字句），而是要留意其暗示——節奏、心情、色彩、選角以及導演如何拍攝汽車。與十年前的廣告相比，並思考訊息如何改變。或是到超市看看某個產品類別——例如洗髮精，不同類型的洗髮精傳達出來的訊息是什麼？哪一個是陽剛有男子氣概的？這可能更中性、甚至是女性專用的？拿洗潔劑品牌來進行對比，留意瓶子形狀、顏色、標籤名稱、字體、意象與符號，也注意看小字。符號學分析能破解一個品牌及其競爭品牌的所有訊息，也可以解碼與品牌有關的文化訊息。

正如我在「第四章：行為」提過的例子，我們為釀酒廠客戶所做過最令人難忘的研究項目之一就是「女性與啤酒」。當時英國年輕女性比起歐洲和美國女性喝啤酒的量明顯少得

多（令人驚訝）。我們進行多線研究，包括家庭人誌學、店內陪同訪問、有酒牌的店面觀察與街頭訪問、與友好群體造訪酒吧、與女性啤酒飲用者和非飲用者的研討會，以及符號學分析。我們的洞見同時兼具社會與文化意義，對不喝啤酒的女性來說，同儕團體對飲酒的選擇會造成巨大的影響，同時在象徵意義的層面上，啤酒具有強烈帶著侵略性的陽剛氣質，令這些不喝酒的女性感到格格不入。

金妮給我最好的禮物之一，就是去了解文字所蘊含的多重文化意義。在我們一起工作時，開發出一種視覺拼貼板，我們稱之為「觸發板」。當我們被要求去探索「安全」對於品牌來說，是否能刺激購買欲和有獨特的定位，我們就用拼貼板顯示「安全」的各類圖像——在母親懷抱中的嬰兒、斑馬線、醫院、協助老人的看護、座椅安全帶、顏色、紋路質地等，諸如此類。我們也做了另一張與安全性相反的圖像拼貼板——與危險有關的不同圖像、色彩、紋路質地。然後我們會詢問研究參與者在現代的世界中，「安全」意味著什麼，並用兩張拼貼板來刺激討論。隨後，我們再使用這兩張板找出與品牌相關的安全類型，以及如何調整或不調整主要的文化意義。

做過許多這類調查研究後，我創造了「複意詞」（fat

words）這個詞，並在我的著作《善思益想》中首次用來描述「安全」、「清爽」、「輕鬆」與「舒適」等概念的多重含義。先前談研究與市場行銷時也提過。

在研究簡報中，「複義詞」就有如病毒在體內擴散開來：主張和定位、以顧客為中心和消費者驅動、品牌偏好和品牌優勢、忠誠度與擁護。

我猜沒有兩個行銷或研究專業者會用相同的方式定義，複義詞就算沒有數以千計，也有數百個之多。

我堅決相信並力行，對運用這些複義詞的人提出這個簡單問題——「當你談到新定位時，究竟是什麼意思？因為人們使用這個詞的方式大相徑庭」——這個會令研究結果大不相同。

如果無法釐清複義詞的意義與背景脈絡，對你的研究可能會帶來不良影響。

雖然符號學的發展已然成熟，其理論還是很難依循，它有自己的論述，至今我仍然無法看透。因此我的建議是，在研究調查工作時，請盡量留意該產品類別的訊息，顏色比較

容易理解，為什麼衛生防護用品的包裝與傳播方式要避免使用紅色？白色在洗潔劑廣告中扮演著什麼角色？狗在商標或廣告中代表著什麼？當簡要的目標概述需要詳細的符號文化理解時，請找專家一起合作，因為他們持續在許多不同計畫中「閱讀」文化，可以幫助揭示並說明文化背景脈絡，尤其是發展初期的主題，比起從未研讀過或不曾運用過這門學科的研究人員或客戶要更加生動。

## 情境背景的關鍵原則

　　瑪莉娜・阿布拉莫維奇被稱為「行為藝術教母」，我先前從未聽過她的大名。現在我知道了，她是在紐約工作的塞爾維亞行為藝術家。她以〈藝術家是存在的〉的表演而聞名，她一週有六天時間坐在紐約現代美術館裡一動也不動，直視著坐在她對面椅子上的人。

　　瑪莉娜引用關於藝術家與烘焙師傅的對話，巧妙的概括了我在本章洞察地圖所寫的內容。情境背景對於每一個研究項目來說都是至關重要的，有如湖面上的漣漪一樣，人類透過一系列的情境背景來創造意義。每個研究項目都是不同的，研究團隊與客戶有義務事先討論，什麼樣的情境背景（品

牌、競爭力、零售、傳播、文化、社會、研究環境等），才最有可能顯現出人們「為什麼」和「如何」做出所做的事。

1. 閱讀文化意義無法獨自一人，甚至在團隊中完成，需要其他人來幫忙破解事物可能的含意。雖然可能需要也可能不需要符號學專家，但是對於廣泛的群體進行文化解釋的檢驗必不可少，這就是質化研究的力量。

2. 某些東西是無形的，但並不意味著它沒有強大的影響力。人類在彼此存在的空間中以特定的方式行動並產生意義和行為，研究者也是其中一分子。反過來質詢自己的假設、看法和行為，是了解情境背景脈絡的基本要件。

3. 關於人類（及其作為）的真相，並不是存在於「外面」能被「發現」、「蒐集」、「探勘」或「深入挖掘」的事物。真相不存在於單一個人身上。我們觀察到的即時行為，並不比我們在質化訪談中所「聽到」的更接近「真相」。為了說服客戶採用我們推薦的調查方法，我們必須注意在建議時使用的語言，有時我們會過度承諾提出單一種方法的解決方案，或實際上低估了需要一連串的工作來探索情境背景的漣漪。

　　<u>客戶也必須意識到，完全用企業的角度來聚焦評估一項</u>
<u>提案，可能是一種盲目。</u>

　　企業利害關係人考量決策是正確的，洞察研究人員應該
關注的是告知做決策的正確方式。所有方式和方法都提供了
不同的視角與不同的聲音──重要的是整體，而非一部分。
研究人員千萬不要忘記，當他們在賣研究調查成果的時候，
客戶需要的是能解決企業問題的方案。

4. 1990 年代，我了解到「拼裝」（bricolage）在某些
　　研究中確實很重要，我在 1999 年所寫的定義，如今
　　仍張貼在 AQR 網站上：

　　「這個專門名詞是指刻意混合質化方法及其他思維方
法，以解決特定議題或問題。「拼裝者」（bricoleur）的意
思是萬事通，『拼裝』已被學術質化研究用來描述一種務實
而折衷的質化研究方法──實際上類似大多數商業研究所採
用的方法❼。」

　　今日我要補充這段定義。拼裝包含許多其他種類的數
據──正式的量化研究、社群媒體爬文（scraping）、次級
資料搜集、客戶從不同來源取得的大數據等等。

5. 過去的二十年來，改變的步調加快，因此情境背景脈
   絡比起以往更加多變，含意比起過去任何時候都更加
   不穩定，那也正是為什麼「看出無形的背景脈絡」就
   像第三隻眼，能了解我們雙眼所無法看透的事物。

## 參考文獻

1. Earls, Mark. Copy, Copy, Copy: How to Do Smarter Marketing by Using Other People's Ideas. London: Wiley, 2015.
2. Berger, Jonah. Contagious. How to Build Word of Mouth in the Digital Age. Simon & Schuster. London, 2014.
3. Cialdini, Robert B. Influence: The Psychology of Persuasion. Revised edition. Harper Business. New York, 2006.
4. Sunderland, Patricia and Rita Denny. Doing Anthropology in Consumer Research. Abingdon: Routledge, 2007.
5. Sunderland and Denny. Doing Anthropology in Consumer Research.
6. Saner, Emine. "Thirty years of the TV sofa: from political strategy to sexism". The Guardian. Accessed July 4, 2016. https://www.theguardian.com/tv-and-radio/2016/mar/18/thirty-years-of-tv-sofa-political-strategy-sexism.
7. "Bricolage". The Association for Qualitative Research. https://www.aqr.org.uk/glossary/bricolage.

# 結　語

## 這已經是終點了嗎？

數週前，我第一次造訪多塞特郡的侏儸紀海岸，對兩億年前侏儸紀時期的菊石墓地與化石著迷不已。更東邊是第三紀的岩石結構，只有六千六百萬到三百萬年的歷史，但它們放大並釐清了演化的故事。或許這正是為洞察地圖劃下句點的方式——有些非常古老的想法仍能讓我們獲益匪淺，結合更新的觀念持續為人們如何理解世界的故事加磚添瓦。

## 侏儸紀時期的原則

1. **真相不只一個，對單一事件、觀察、關係或經驗的意義有許多種詮釋方法。**雖然主觀經驗的感覺像是唯一的真相，但這種體驗無論多生動都是有限的。永遠有其他真實面存在，透過接觸其他的洞察地圖，往往能發現更全面的真相。

2. **先從假設開始，然後在隨後的過程中提出證明或反駁。**在萊姆里吉斯（Lyme Regis）的海邊，我興致勃勃地自以為蒐集了一堆化石，只有一位專家告訴我，我蒐集了一堆岩石。明白自己在尋找什麼很重要——

唯有如此，你才能確認它是否存在。對理論一無所知的情況下進行質化研究，會導致一大堆「很有趣，但又如何？」的反應，對客戶或研究的終端使用者來說毫無價值。

3. **潛藏的假設會使你犯錯。** 大多數的研究人員對我們工作中的各種因素有著根深蒂固的看法，我們的客戶也一樣。這些都必須拿上檯面來質疑與辯論，畢竟這些都是觀點與看法的問題，而不是事實。

4. **儘管人們經常把「變化速度」、「科技進步」和「全球影響力」掛在嘴邊，但人類基本上是保持不變的。** 人類的演化花了數百萬年的時間，科技雖然在短短幾十年內帶來了迅雷般的進步，但對人類的根本需求、動機與感情毫無影響。

5. **人們並非總是心口如一，想的和說的一致。** 大多數驅動意見、想法、和行為的原因是無法透過有意識的內省而了解的。「為什麼做的理由」是我們事後為了向自己和他人解釋行為而發明的合理化說詞，它們有可能有部分是真實的，也可能全部都不是真的。

6. **情感規則**。蓋普·法蘭岑（Giep Franzen）與瑪格莉特·鮑曼（Margaret Bouwman）在《品牌的心智世界》（The Mental World of Brands, 2001）中指出：「在看似最理智的決策中，情感仍是整合要素。當思考與情感互相矛盾時，獲勝的是情感。」這不僅適用於研究人員本身，也適用於研究參與者及終端使用者。現在神經科學已經有足夠的證據顯示理性和情感過程是分不開的，兩者息息相關，情感更是主導的駕駛。

7. **潛意識是存在的**，敞開心接納它，和它當朋友，運用現代的術語來談論。請記得，潛意識並不是一個無形的東西 —— 它有不同面向，每個面向都各有自己的詞彙簿和研究方法。

8. **複義詞是很狡猾的**。繁義詞就是我們以為有普遍意義但其實沒有的詞彙和想法，永遠值得我們問個簡單問題來釐清含意：「你說⋯⋯的時候，到底是什麼意思？」因為這個詞對不同人有不同的含意。

9. **行為和態度是取決於情境背景的脈絡**。在不同的外在環境中，人們的行為與想法也不同，依照當時情況是「在哪裡」、「是誰」、「什麼」與「如何」，以及

由經驗、個性、情感與身體特性等內在因素而定。

10. **人們總是受到品牌和組織還有市場研究的影響而隨之飛快起舞**。這是一個發人深省的想法。簡單的說,品牌與公司在日常生活的結構中並不重要,只有當人們與之互動的少數片刻才有意義。你有多常想起一間能源公司或幾天前買的優格品牌?研究人員以及客戶正面臨太多過度強調其研究主題(如品牌與廣告發展、產品/服務創新等)重要性的風險。

時至今日,我們已經很清楚,質化研究從業者認為他們的角色是學科專業和這個世界之間的橋樑,連結對人們來說重要的意義以及對組織來說重要的商業關聯性:

「把對人來說重要的事轉譯為對組織而言重要的事的專家。」　　——(質化研究協會〔AQR〕願景報告,2014)

為了培育並支持這個願景的專業知識,下面會列出十條歷久不衰的原則,我認為無論是質化研究從事者還是終端使用者都必須進一步了解。這些是新版的原則——與二十世紀(侏儸紀)相比,現在是二十一世紀的前十五年(第三紀)——但仍然禁得起考驗的持久原則,形塑著我們學科的

現在與未來。

我在整本書中都提到了這些原則，但直到完成最後幾頁時，才真正意識到它們的重要性。

## 第三紀原則

本書前景的這些原則，需要研究從事者先「提升自己的水平」，我的意思是，我們必須對新的理論證據更熟悉且自信，這樣我們才能有清楚的論述和值得參考的權威性來支持自己的方法與實踐。沒有努力，就沒有專業。佛陀深知這一點，他主張「正確的理解」與「正確的實踐」是「八正道」的基本步驟。

1. **質化研究是主觀的、社會的和文化經驗的研究**。這是一門獨特的當代學科，不需要拿來與量化方法進行對比和比較。「深入」或「面對面接觸」雖然是我們的重要工具，但已不再是質化研究的唯一方法。因此，我希望下一代的質化研究人員能多思考自己調查研究的方法，而不是侷限在當前主流的比較與方法學研究。太多質化研究是以個人為中心，而未考慮到在人

們與更大的組織／文化背景之間發生了什麼事。

2. 質化研究是一條支流，最後通向「大數據」這條大河，用來幫助組織做出更良好（更可行、商業或組織相關）的決策。這條支流雖小卻很重要，因為它來自河流的源頭，來自無意識測量、社交媒體抓取內容、社會擴散曲線與受控實驗的數據很可貴，但它們也將人類物化，令人很難理解將「對人們真正重要的事」轉譯為「對組織真正重要的事」背後這一團亂麻。我們的學科必須擁抱「大數據」方法 —— 意思是理解並發展出觀點 —— 並運用我們的專業知識，將人的視角觀點融入其中。

3. 沒有所謂的客觀研究或客觀研究員。質化研究人員在與參與者對談時提出問題的方式，就和量化調查所提出的問題的方式一樣主觀。同樣的，社群媒體研究操作和詮釋的方式也不比傳統研究方法更客觀。所有方法、所有形式的提問和行為觀察都有可能導致理解證實是有幫助的，也或許是沒有幫助的。從來就不存在中立 —— 只有最佳的實踐方法。

4. 展現質化洞見的影像紀錄片故事是把雙面刃。如今，

公司內部利害關係人和管理高層所關注的「呈現而非敘述」的技巧正成為常態。冗長的書面報告或 80 頁 PowerPoint 投影片的年代已經過去了，重要的是提醒觀眾，演員（即被挑選來說明某個觀點的研究對象）要不就是「混合角色」，要不就是刻板印象。開始把這些人視為是代表其他的大多數人太容易了——使用如此鈍化的工具，會導致許多後續的行銷問題。

5. **將不同類型的資訊整合成前後連貫的整體是一個全新挑戰。** 設計出一種拼裝研究方法，將每一條線的研究當作是一塊獨立拼圖是一回事。然而，將不同種類的資訊整合為一個完整的故事，則是另一回事。在英國屬於一門新專業的功能醫學（functional medicine）就是一個用來解釋我上述的看法的最好例子。功能醫學結合中醫、西醫和科學研究，藉由了解遺傳、環境與生活方式的相互作用，來恢復新陳代謝平衡，其重點在於是發掘慢性「失調疾病」的根本原因，而不太重視診斷、抑制症狀和快速治療，我們也應該以同樣的方式來理解質化研究員的角色。

6. **現代質化研究過於重視人們所說的內容，而忽略了隱藏在話語背後的含意。** 在急著快速提出結果的過程

中，許多質化研究人員會依賴簡短的筆記或自己在訪
談時記住的內容，人們選擇使用的詞彙往往在倉促中
被遺忘。話語和隱喻分析需要研究員花費時間去尋找
構成詞語底下的意義模式，而不是簡單的回應表面內
容。

7. **所有質化研究員都應該強制學習行為經濟學（BE）
的基本原則並整合至研究工作中。** 在不確定的狀況
下──也就是日常生活中大多數的決定──人類所採
用的思維與行動方式有時是有效的，但往往並非如
此。而行為經濟學所提供給我們的工具──一個集合
概念、語言詞彙本和許多案例的龐大彈藥庫──能用
來詮釋觀點、看法與行為。

8. **「醫生，先治好你自己吧！」** 在我已經了解了系統一
與系統二做決策的關係後，我盡可能的檢視自己作為
一個質化研究工作者的決策行為。通常我快速、直
覺、自動駕駛的理解方式，表現得會比反應較慢、需
要計算的系統二更好，但這往往容易出錯，尤其是在
我偷懶而抄捷徑、仰賴過去的經驗、不假思索地複製
別人的做法，或者在沮喪或喜歡的情況下貿然採取行
動時。雖然理智上我們明白這兩個系統對決策都很重

要，但仍然容易陷入人類固有的「思維錯覺」的陷阱
中。

9. **研究員必須意識到反身性（reflexivity），**也就是將
自己介入（知識、位置、觀點、想法與價值）對調查
結果產生的影響。減輕影響的方法是讓團隊中兩個或
更多人在計畫中一起工作。恆定性的概念能帶來更高
的效能或可信度（即由單一研究員從頭到尾完成計
畫），卻也意味著缺乏自反對話與論辯，反而導致觀
點更狹隘。

10. **有力的科學證據成為了質化研究實踐的鋼骨支柱。**學
界、記者與行銷專業人員運用神經科學、實驗與演化
心理學及醫學的原理，了解人類如何處理錯綜複雜的
日常生活。除非質化實踐者理解並吸收這些知識，並
將其應用在所遇到的商業與組織問題，否則質化研究
就跟新聞業（無關好壞）沒什麼兩樣。

## 尾聲

　　我經常思考偉大的質化研究工作者與稱職的質化研究員有什麼區別，我相信這是因為我們是什麼樣的人，而不是我們所做的事有何不同。偉大的質化研究員有三個少見的個人特質——同理心、真誠與尊重。我看出這些都是複義字，所以讓我來解釋一下，同理心意味著能設身處地為他人著想，而又不失去自己的判斷力；真誠意味著對自己誠實——在超出能力範圍時承認自己無知，並在適當的時候分享你的感受；尊重總是知易行難，我常常不尊重客戶不同的想法，有時我也無法尊重我認為其觀點或行為令人反感的研究對象，輕視他人永遠是不尊重的行為。

　　我長遠的建議是，善用你的心和你的頭腦，意識到你與自己和其他人是如何建立關係，無論是家人、朋友、同事、客戶或一般人，他們允許你透過一扇小窗戶進入他們的生活。歷經五十年面對面訪談三萬人的職業生涯之後，我仍然相信，身為專業質化研究員是一件榮幸和值得驕傲的事情。

## 謝辭

如果我沒有下定決心，在歷經五十年的第一線研究調查生涯後離開這行業，這本書就永遠不可能完成。近兩年，我欣然接受一個新的身分，我訓練自己剛飼養的搜救犬，開始上陶藝課，成為一位會享用午餐的淑女、劇院常客和倫敦每一間博物館的會員。但我的內心和大腦告訴我，我的工作還未完成，我還必須做出「臨別贈言」才算完結。

許多人鼓勵我動筆，剩下的就順其自然，《洞察地圖》這本書才能開花結果，因此我要在此表示感謝。

我要特別感謝我的工作夥伴馬汀·李（Martin Lee），他也是有出版著作的小說家。他在我開始寫書時給我鼓勵，但沒有追蹤進度，或做出其他干涉動作讓我沮喪的打消念頭。當我卡住時，他買早餐給我，或聽我口齒不清地在電話上談論我的掙扎，輕輕地把我推向更令人滿意的方向。另一位在早期激勵過我的人是榮格心理治療學家費歐娜·佩瑞琳諾（Ffiona Perigrinor），她聆聽我喋喋不休地談及潛意識、態度、行為和語言，用很巧妙的方式，給予了我持續寫作的信心。

　　我也要特別感謝另外兩位工作夥伴——坡·波科克（Po Pocock）與凱若琳·黑特（Caroline Hayter），兩人從一開始便表現出對這個計畫的熱忱。凱若琳先閱讀過本書文稿，標出重點並與我就內容與結構的問題反覆辯證。坡則決定我們自行出版這本書，並花費數個鐘頭更正參考書目「適當」的書寫方式。我在阿卡夏巷公司（Acacia Avenue）的所有同事雖然都忙得不可開交，但仍然想辦法閱讀每篇章節，針對讀不懂或令人困惑的段落提出質疑——當頭棒喝讓人清醒，永遠值得感激。

　　在公司之外，有許多鼓舞人心的朋友和同事影響了我。我在某些章節裡面曾提到他們的著作，但有幾位我想特地提出來致謝。茱蒂·藍儂（Judie Lannon）一直是我生涯的指路明燈；我從以前到現在永遠欣賞傑瑞米·布爾摩爾（Jeremy Bullmore）；還有馬克·厄爾斯（Mark Earls）、羅伊·蘭梅德（Roy Langmaid）、羅伯特·希斯（Robert Heath）、梅利·巴斯金（Merry Baskin）、保羅·費爾德威克（Paul Feldwick）與尼克·肯道爾（Nick Kendall）等人。他們都是出版作家以及發人深省的思想家，對我一路走來影響深遠。「死蜘蛛」（The Dead Spiders，你們會知道我指的是誰）特別值得一提，因為我們每兩年一度的餐聚，一直是個讓我們能安心地對神秘的廣告、行銷與

研究世界提出質疑和批判觀點的地方。

我也要特別感謝羅伊·蘭梅德（Roy Lanmaid），他陪我和我的狗在漢普斯特德公園走了好幾英里，沿途我們辯論著關於質化市場研究背後的不同心理學觀點，以及我們代表客戶進行的研究所採用的基本理論與應用原則。

我還要向艾倫·露薏絲（Elen Lewis）致上崇高敬意，她是出版編輯與小說家，在一個像是奇蹟的極短的時間內編好文稿，敏銳地做了許多文法與文意理解的更動。我也要感謝我們的美編大衛·凱羅（David Carroll），他是個令人愉快的工作夥伴，生動精彩的將本書開頭的詩化為封面。

我必須承認一個巧合。在完成手稿之後，我讀到提摩西·D·威爾森（Timothy D. Wilson）的著作《我們是自己的陌生人》（Strangers to Ourselves：Discovering the Adaptive Unconscious，中譯本書名為《佛洛伊德的近視眼：適應性潛意識如何影響我們的生活》）。他是實證心理學家，書中描述古往今來的實驗如何揭露人類對此毫無所覺的心理過程適應性，同步性確實很奇妙，但我的結論是，我們是在強化彼此的著作——我在商業背景下工作，提摩西·威爾森則是在學術界。這讓我們的思維更有力、更可信。

最後，我要感謝我最好的朋友與丈夫葉胡迪（Yehudi），他多年來擔任醫療顧問的觀點與完整專業，為我的概念探索與實作經驗中帶來了持續有挑戰性的對照觀點。

## 詞彙表

在這裡我試圖提出有如「電梯簡報」（elevator pitch）的濃縮定義，也就是寫出非常簡單、只用幾分鐘就能說完的非正式定義。因此，這些定義不是學術上的全面定義，只是呈現我想表達的若干意思。

**Anchoring 錨定：**
過於仰賴或「錨定」一個特性或一則資訊（通常是就該主題所獲得的第一則資訊）來做決策。

**Behavioural economics 行為經濟學：**
這門學科位於心理學、社會人類學、經濟學與其他學科的交叉路口。人們並不是基於理性選擇和自利做出最好的決定，而是受到許多因素影響，而他們對此渾然不覺，例如學習習慣、他人的影響、厭惡改變等等。

**Behaviourist psychology 行為學派心理學：**
行為學派心理學在二十世紀前半期是心理學的主流典範，主張可觀察的行為能透過科學與測量來理解，而情感、思想與感受，所有主觀的──不能也不應當成一門科學來研究。

**Biometrics 生物統計學：**
測量與分析獨特的生理與行為特性，以做為驗證個人身分的
方式，例如指紋或聲紋。

**Brand onion 品牌洋蔥：**
一個品牌可以被理解各種脈絡的視覺圖表，例如心理聯想、
包裝、溝通、競爭者、銷售環境、社會與文化背景等。

**Bricolage 拼裝：**
這是藝術界所創造的詞彙。我在 1997 年曾用它來描述從各
種可用的選擇提取來建構研究方法。也可以用來描述多線研
究方法。就像完形心理學所指出的，整體的意義超出個別部
分的總和。

**Cognitive dissonance 認知失調：**
心理學家用這個詞解釋態度與行為不一致時所發生的事。當
態度與行為不一致時，人們會感覺緊張與心理不適。

**Communication hierarchy triangle 溝通三角層級：**
一種源自個人發展理論的視覺模型，闡述個人和品牌在不同
層級都能有效溝通。例如，我能從自身環境（我的居住地）、
能力（質化專家與顧問）與特質（聰明、負責）等角度來表

達我是誰。一共有六個層級（參照《善思益想》第 228 頁）

**Creative development 創造性發展**
創意的發展階段——起初是概念，通過一連串策略路徑後，
發展成不同的執行方式，形成單一路徑到最終解決方案。

**EE 腦波圖：**
EEG 是 electroencephalogram 的縮寫，測試腦部神經元
的離子電流活動，包括你入睡時的腦波。EEG 是神經行銷人
士的神經工具之一。

**Endowment effect 稟賦效應：**
人們認為自己所擁有的東西比不屬於自己的東西更有價值。

**Eye-tracking 眼動追蹤：**
眼睛活動的測量——我們看向哪裡、注視多久、什麼時候眨
眼、忽視什麼等等，透過對目光焦點與注意力的詮釋，理解
人們對廣告、包裝、店內促銷與戶外刺激的反應。

**Facial coding 面部編碼：**
這在目前的市場研究領域很流行。是一套透過臉部表情來測
量或辨認情緒反應的方式。研究對象會接受不同臉部表情的

刺激，例如大笑、微笑、中性表情、不喜歡和厭惡。已經有多達 43 組細微表情能被辨識出來，並可以使用錄影技術來分析。

**fMRI 功能性磁振造影：**

fMRI 即 functional magnetic resonance imaging 的簡稱，這是一種掃描腦部活動的神經成像技術。

**Framing 定框：**

面對同樣的資料，依資料的呈現方式不同而得出不同結論。

**Gestalt approach 完形研究方法：**

完形方法的基本前提是整體論（holism）—— 這是十九世紀初所創造的專有名詞。其最大價值是發現洞察力是整體影響部分，而不是整體為部分的總和。

**Heuristic 捷思法：**

讓人能找到資訊或為自己做決策的經驗法則或捷徑。

**Implicit Association Testing（IAT）內隱連結測驗：**

一種網路或電腦測試，測量個人本身可能未覺察的隱性態度，例如依據過往經驗或無法有意識自省的聯想。對某個事

物所產生的喜歡或不喜歡的感覺、想法或行動。網路上有一個用來測試種族偏見的著名 IAT 測驗，試著做做看你就會了解：http://www.understandingprejudice.org/iat/。

**Language leak 語言破綻：**
我創造了這個詞彙用來描述文字與溝通之隱含意義 —— 例如隱喻、沉默、錯用文字等。對語言破綻的敏銳性，會讓人領略在溝通中真正感受或意義的洞見。

**Loss aversion 損失厭惡**
我們傾向不喜歡失去，而不是喜歡得到。

**Neuroaesthetics 神經美學：**
新的一門學科，致力於探索我們在欣賞美的事物與藝術品背後的神經過程，包括感知機制，對我們所「看到」東西的解釋，以及詮釋我們所經驗到令人敬畏的事物（建立在欣賞、享受、尊敬、欽佩的意義上）。

**Neurolinguistic Programming（NLP）神經語言程式學：**
一種關於個人發展的思維模式和理論，研究行為如何源於神經過程、語言是如何被使用，以及我們又是如何為行為與想法進行程式編碼（形成習慣）。

**Neuromarketing 神經行銷：**
一個新的行銷領域，將原本應用在醫學上的技術（如 fMRI）
拿來研究大腦對刺激的反應，例如包裝、廣告、產品或其他
行銷活動元素的刺激。

**Neuroscience 神經科學：**
神經科學是一種跨學科科學，與心理學、語言學、醫學、電
腦科學及其他學科相關聯。這是對神經系統及其結構與功能
的研究。今日神經科學家專注於研究大腦及其對認知與情感
功能的影響。

**Pre-task 準備作業：**
進行訪談或研究互動之前，請研究對象思考或完成一項任務。

**Priming 促發：**
促發是指與詞語和物體感知有關的潛意識記憶過程，也意指
在任務完成前觸動啟發記憶中的某些單詞或概念。例如，看
見「紅色」這個詞的人，也會更快認出「櫻桃」這個字，因
為紅色和櫻桃在腦海裡是相關聯的。

**Psychoanalytical psychology 心理分析心理學：**
聚焦於潛意識精神面，作為了解個體心理、情緒與行為不安

的干擾來源。

### Psychotherapy 心理治療：

一種透過個人與治療師之間的溝通與關係因素來處理心理問題的過程。

### Segmentation 區隔分群：

將某樣事物（通常是一個市場，或一大群顧客與非顧客）分成不同的群體、區塊或部分，以進行更有針對性的行銷活動。

### Semiotics 符號學：

「semiotics」這個字是源自希臘字「semeiotikos」，意思是符號的詮釋者。這是一種符號與象徵運用在溝通上的研究。符號可以是手勢、咕噥或哭泣、文字、意象、症狀、既存結構、音樂形式與身體語言。上述這些 —— 還有更多符號 —— 都是人類生存的關鍵要素。

### Social Anthropology 社會人類學：

相對於研究個人行為的心理學，社會人類學是一種集體行為的研究。心理學傾向從內心尋求心理狀態與行動的內在原因，社會人類學則傾向從外界尋找想法、態度與行為的社會與文化起源。

## Transactional Analysis（TA）溝通分析：

溝通分析由埃里克‧伯納（Eric Berne）所創立，最著名的是「父母、兒童、成人」的溝通形式，今日廣泛運用於臨床，治療、組織與個人發展中。生理、情感與言詞符號及行為都各有一種語言狀態。溝通分析已經被應用於傳播、管理方式、關係與行為上。

## MY TOP TIPS FOR FURTHER READING

I could give a reading list a mile long, but I won't. So here are my top tips.

Some of the authors have written many articles, talked at conferences, written blogs and published one or more books. Almost all of them are practitioners and have been at the coalface of advertising, planning and research for many years.

I admire them because their thinking developed and changed in response to new learning and discoveries about the human condition. None panicked at the thought of tackling and integrating theories from other disciplines- evolutionary psychology, neuroscience, semiotics or anything else.

It is worth following some of their blogs as they tend to have up to date comments on contemporary life, Rory Sutherland, Mark Earls and Roy Langmaid are particularly interesting.

Marketing, advertising, planning and brand thinking

Barden, Phil. Decoded: The Science Behind Why We Buy.

London: John Wiley & Sons, 2013.

Baskin, Merry and Lannon, Judy. A Master Class in Brand

Planning: The Timeless Works of Stephen King. London:

John Wiley & Sons, 2007.

Bullmore, Jeremy. More Bull More: Behind the Scenes in Advertising (Mark III) London: World Advertising Research Center, 2003.

Earls, Mark. Herd: How to Change Mass Behaviour by Harnessing Our True Nature, London: John Wiley & Sons, 2009.

Earls, Mark. Copy, Copy, Copy: How to Do Smarter Marketing by Using Other People's Ideas. London: John Wiley & Sons, 2009.

Feidwick, Paul. The Anatomy of Humbug: How to Think differently about advertising. Matador, 2015.

Franzen, Giep and Bouwman, Margot. The Mental World of Brands: Mind, Memory and Brand Success NTC Publications, 2001.

Heath, Robert. Seducing the Subconscious: The Psychology of Emotional Influence in Advertising. Wiley Blackwell, 2012.

Hedges, Alan. Testing to Destruction: A critical look at the Uses of Research in Advertising, IPA, 1974 (available from the Account Planning Group as a download)

Kahneman, Daniel. Thinking Fast and Slow. New York.

Farrar, Straus and Giroux, 2011.

Sutherland, Rory. The Wiki Man, London: Its' s Nice That and Ogilvy UL Group, 2011.

Ereaut, Gill and Imms, Mike and Calling-ham, Martin(eds.). Qualitative Market Research: Principles and Practice. London: Sage Publications, 2002.

Gordon, Wendy. Goodthinking: A Guide to Qualitative Research.

London: Admap Publications, 1999.

Keegan, Sheila. Qualitative Research: Good Decision Making Through Under-standing People, Cultures and Markets (Market Research in Practice). London: Kogan Page Limited, 2009.

Sunderland, Patricia L and Rita M. Denny Doung. Anthropology in Consumer Research. California: Left Coast Press Inc., 2007.

Baskin, Merry & Laurie Young. "How to use segmentation effectively". Warc Best Practice, July 2016. Https://www.warc.com.

Roy Langmaid: https://www.langmaidpractice.com/

Joanna Chrzanowska:

http://www.qualitativemind.com/

The Association Qualitative Research(AQR) is a resource for practitioners and end-users of qualitative research. https://www.aqr.org.uk/.

Books about behavioural economics that I really enjoyed

Ariely, Dan. Predictably Irrartional: The Hidden Forces that shape Our Decisions. Harper Collins. 2009.

Schwartz, Barry The Paradox of Choice: Why More is Less.

Harper Collins ebooks, 2009.

Cialdini, Robert. Influences: The Psychology of Persuasion.

New York: Harper Business, 2007.

Lehrer, Jonah. How we Decide. Mariner Books, 2010.

Thaler, Richard H and Cass R. Sunstein, Nudge: Improving Decisions abou Health, Wealth and Happiness. Penguin, 2009.

Wilson, Timothy Strangers to ourselves: Discovering the Adaptive Unconscious.

Cambridge, MA, and London: The Belknap press of Harvard University Press, 2002.

big299

# 洞察地圖 MINDFRAMES

作　　者——溫蒂‧郭爾登（Wendy Gordon）
譯　　者——劉靜鈴（Jennifer Liu）
主　　編——林憶純
行銷企劃——許文薰
視覺設計——吳詩婷
第五編輯部總監——梁芳春

發 行 人——趙政岷
出 版 者——時報文化出版企業股份有限公司
　　　　　10803台北市和平西路三段240號1-7樓
　　　　　發行專線／（02）2306-6842
　　　　　讀者服務專線／0800-231-705、（02）2304-7103
　　　　　讀者服務傳真／（02）2304-6858
　　　　　郵撥／1934-4724時報文化出版公司
　　　　　信箱／台北郵政79～99信箱
時報悅讀網—— www.readingtimes.com.tw
電子郵箱—— history@readingtimes.com.tw
法律顧問——理律法律事務所 陳長文律師、 李念祖律師
印　　刷——盈昌印刷有限公司
初版一刷—— 2018年11月16日
定　　價——新台幣300元
（缺頁或破損的書， 請寄回更換）

時報文化出版公司成立於一九七五年，
並於一九九九年股票上櫃公開發行，
於二〇〇八年脫離中時集團非屬旺中，
以「尊重智慧與創意的文化事業」為信念。

洞察地圖 MINDFRAMES/ 溫蒂‧郭爾登（Wendy
Gordon）作；劉靜鈴（Jennifer Liu）譯 -- 初版 .
- 臺北市：時報文化，2018.11
　240 面；14.8*21 公分
ISBN 978-957-13-7555-7（平裝）
1. 行銷管理 2. 消費心理學
496　　　　　　　　　　　107015956

Publisher details Answer global Marketing Research Co.,Ltd ("Publisher"),

4th floor, No. 120, Chienkuo N. Rd., Taipei City, 10483 Taiwan ROC

UK Publisher: Acacia Avenue International Limited, 353 City Road, London

EC1V 1LR, UK. ACACIA AVENUE

ISBN 978-957-13-7555-7
Printed in Taiwan